Ciência de A a X

Blucher

Ciência de A a X

*Descobertas
surpreendentes, originais, curiosas...*

Pierre Barthélémy

TRADUÇÃO
Sonia Augusto

ILUSTRAÇÕES
Jean Dobritz

Título original em francês: *Passeur de sciences - Le dico des nouvelles découvertes étonnantes, originales, curieuses...*

Copyright © 2014 Pierre Barthélémy

Copyright © 2015 Editora Edgard Blücher Ltda.

Ilustrações: Jean Dobritz

Publisher Edgard Blücher
Editor Eduardo Blücher
Produção editorial Bonie Santos, Camila Ribeiro, Isabel Silva
Tradução Sonia Augusto
Diagramação Negrito Produção Editorial
Preparação e revisão de texto Maria Aiko Nishijima, Bárbara Waida
Capa Leandro Cunha
Produção gráfica Alessandra Ferreira
Comunicação Jonatas Eliakim

Blucher

Rua Pedroso Alvarenga, 1245, 4º andar
04531-934 – São Paulo – SP – Brasil
Tel.: 55 11 3078-5366
contato@blucher.com.br
www.blucher.com.br

Segundo o Novo Acordo Ortográfico, conforme
5. ed. do Vocabulário Ortográfico da Língua
Portuguesa, Academia Brasileira de Letras,
março de 2009.

É proibida a reprodução total ou parcial por
quaisquer meios sem autorização escrita da
Editora.

Todos os direitos reservados pela Editora Edgard
Blücher Ltda.

FICHA CATALOGRÁFICA

Barthélémy, Pierre
    Ciência de A a X: descobertas surpreendentes,
originais, curiosas... / Pierre Barthélémy; tradução
de Sonia Augusto. – São Paulo: Blucher, 2015.

    Bibliografia
    ISBN 978-85-212-0979-9
    Título original: *Passeur de sciences – Le dico
des nouvelles découvertes étonnantes, originales,
curieuses...*

    1. Ciências I. Título II. Augusto, Sonia.

15-1090   CDD 500

Índices para catálogo sistemático:
1. Ciências

Sumário

Prefácio 11

A DE...

Antropófago: qual é o sabor da carne humana?. 15

Apocalipse: quem serão os últimos habitantes da Terra?. 19

Arquivo X: uma nova ideia para detectar extraterrestres. 24

At@que: o dia em que *hackers* invadiram a rede elétrica 28

B DE...

Banquete: quantos mosquitos você pode alimentar? 32

Barítono: na política, uma voz grave é uma vantagem 34

Bzzz: quando as moscas levam as almas dos mortos. 37

C DE...

Cárie: o homem pré-histórico também ia ao dentista. 40

Catódico: a morte na TV dá vontade de comprar 43

Ciclos: alô, mamãe, estou ovulando! 46

Cupido: uma escala científica para medir a paixão amorosa 48

D de...

Danos: estamos prontos para enfrentar um *tsunami* solar? 51

Detox: o brócolis, arma inesperada contra radioatividade 55

Dicionário: palavras que agem sobre o seu corpo 58

Dípteros: moscas ajudam a medir a biodiversidade 60

E de...

Ecologia: clima: será que podemos voltar atrás? 65

Escravidão: como uma árvore escraviza as formigas 68

Especialistas em contas: os espermatozoides sabem calcular 72

Expectativa: você quer saber quando vai morrer? 75

F de...

Faxineiros: os abutres trabalham para a polícia científica 79

Fertilidade: será que a Coca mata o esperma? 82

Fosforescente: os irradiados de New Jersey 85

Frankenstein: as promessas incríveis da medicina regeneradora 88

G de...

Garrafão: os vinhos caros são os melhores? 93

CIÊNCIA DE A A X

Genealogia: o homem que não descendia de Adão 97

Gênesis: qual osso de Adão foi realmente usado por Deus para
criar Eva? 100

Gestação: ter um bebê aumenta o cérebro das mães 102

Grade: 17 é o número de Deus no sudoku 105

Gravidade: os perigos do amor no espaço 108

Grimório: o manuscrito mais misterioso do mundo 111

H DE...

Harém: por que os *playboys* atraem as mulheres? 115

Horror: um médico italiano quer transplantar cabeças humanas.... 117

I DE...

Imperador: escândalos sexuais entre os pinguins 121

In utero: a criança começa a aprender a linguagem no ventre
da mãe 124

Iogurte: é preciso acabar com os ômega-3? 127

J DE...

Jardim: será que as plantas ouvem? 131

Jurassic Park: devemos ressuscitar as espécies desaparecidas?....... 135

K DE...

Kafkaniana: a ciência que quer prever os crimes 140

Kamikaze: qual a probabilidade de um novo 11 de setembro? 144

L DE...

Lapônia: o Papai Noel está doente? 148

Leitura: a professora que sabia escrever, mas não sabia mais ler 151

Lilliput: o aquecimento global vai nos fazer encolher? 154

Lobotomia: como as grandes marcas influenciam nosso cérebro 158

M DE...

Maquiavélica: a suprema astúcia da orquídea 162

Microcosmos: pesquisadores exploram a selva microbiana
do umbigo 164

Molière: o doente imaginário online 167

N DE...

Necrologia: de que se morria ontem, de que se morre hoje 171

Nicotina: quando a ciência incentiva os atletas a fumarem 174

Nutrição: a saúde do futuro bebê é influenciada pelo que o pai
come? 178

O DE...

Oftalmo: o homem que não reconhecia os rostos 181

Onda: será que uma bomba pode criar um *tsunami*? 186

Onívoros: o câncer está realmente no nosso prato? 189

Os suspeitos: o seu andar diz quem você é 193

Ossadas: Teutobochus, o gigante que não era 195

CIÊNCIA DE A A X

P DE...

Passa-passa: a medalha de ouro desaparecida de dois
Prêmios Nobel. 199

Periquita: quem descobriu o clitóris? 201

Pipi: por que o pênis tem essa forma? 204

Polícia: um retrato falado a partir do seu DNA, sem demora 207

Prisão: prisioneiros em prol da ciência 210

Privacidade: matemática, o problema do mictório 214

Pulmão: quantos vírus você inspira a cada minuto? 218

Q DE...

Quarentena: a peste vai ressurgir? 221

Quiproquó: o planeta não está em perigo; a humanidade sim 224

R DE...

Repulsivo: os nazistas queriam fazer armas biológicas com base
em insetos? 228

Ricardão: a palestra mais *sexy* de toda a história das ciências 231

Road trip: entre 2000 e 2030, o espaço urbano mundial triplicará . . . 235

S DE...

Sena: a mulher mais beijada do mundo 239

Sherlock: o sangue deixado por um criminoso denuncia sua idade . . 241

T DE...

Tamanho: o tamanho do pênis pode ser lido nos dedos?.......... 244

Telefone: ouviremos ET daqui a 25 anos?....................... 246

Terror: o mistério de *Os pássaros*, de Hitchcock, finalmente
esclarecido 250

U DE...

Uretra: os usos do xixi 254

V DE...

Valsa: de que lado você embala o seu bebê?..................... 257

Verdura: será que as plantas são inteligentes? 259

W DE...

Walkíria: a música enternece os corações....................... 262

Willy Wonka: será que o chocolate cria assassinos em série? 265

Woodstock: as flores ajudam os sedutores 268

X DE...

Xena: a mulher que (quase) não sente medo 272

Prefácio

Por muito tempo, levantei-me bem cedo para ir ao meu jornal preferido, *Le Monde*, pregar as boas palavras da ciência, da medicina e da ecologia, e defender minhas colônias de bactérias, glóbulos e telescópios. Recomeçava todas as manhãs para mostrar que a ciência, como a política, a economia, a diplomacia etc., tem sua atualidade, suas belas histórias e deve fazer parte da cultura do homem e da mulher honestos do terceiro milênio. Como se fosse um vendedor de porta em porta, colocava um pé na porta editorial para que ninguém a fechasse no meu nariz (que é bem grande), a fim de vender meu peixe, no qual acredito, no qual acredito sempre. Explicava que "meus" pesquisadores ajudam na decodificação do mundo em que vivemos. E começava meu dia resmungando.

A ciência, nos jornais generalistas, é um assunto bizarro, um campo de trabalho de pessoas um pouco estranhas, que conseguem fazer uma conta de divisão de cabeça ou que se interessam pelo mecanismo oculto pelo qual a matéria é transformada em energia, sim, a famosa fórmula de Einstein, a única conhecida pelas pessoas comuns. A ciência, nos jornais generalistas, é feita frequentemente de artigos que podem esperar pelo dia seguinte, porque a atualidade, a "verdadeira", o enésimo atentado aqui, a eleição legislativa ali, as frases de Fulano ou Beltrano, essa atualidade não pode esperar... A ciência é boa em teoria, mas não impressa, mesmo que todos os estudos indiquem que os leitores a apreciam, mesmo que saibamos que o crescente desinteresse dos estudantes pelas ciências é alimentado também pelos meios de comunicação, cujos dirigentes, formados em outras escolas, demonstram má vontade em dar o lugar devido ao que constitui uma outra faixa de leitura, uma outra visão da atualidade.

Portanto, há tempos, vejo em mim mesmo a imagem de um Cyrano (meu nariz não diminuiu de um momento para o outro) a quem um visconde da informação diz: "Seus assuntos são muito... ahn... bons, mas tenho coisas mais urgentes..." Muitas vezes, só pude argumentar: "Ah! Não! Deixe que eu escreva a minha página, meu caro! Vou escrever... Ah! Bom Deus!... Muitas coisas, em resumo." Nem sempre ganhei, minhas colunas foram derrubadas mais do que as de todos os templos gregos reunidos, mesmo que eu tenha deliciado o leitor com histórias fantásticas...

E, depois, aconteceu o *blog*. Ou melhor, aconteceram os *blogs*: "Globule et Télescope", que escrevei em Slate.fr entre julho de 2010 e novembro de 2011, e "Passeur de Sciences", que apareceu em LeMonde.fr em dezembro de 2011. Apesar de a sensação de infinito que se tem na internet, onde não contamos as colunas de papel, ser um tanto ilusória, esses *blogs* tiveram sobre mim o efeito de um vasto território de ação, de um grande espaço de liberdade no meio de um universo midiático em geral sufocado e, para não poupar palavras, definhado sobre os mesmos assuntos de sempre. Pude contar nesse *blog* todas as histórias de ciência que queria, falar do sabor da carne humana, do "número de Deus" no sudoku, dos sentidos ocultos das plantas etc. Pude falar de descobertas que não chegaram às manchetes dos jornais, mas que, no dia a dia, constituem a atualidade da pesquisa e dizem muito sobre o modo como o homem estuda o universo que o rodeia e investiga seu mundo interior.

As edições Hugo et Cie me propuseram que compilasse aqui os artigos mais interessantes, sob a forma de um abecedário de curiosidades. Esta obra, eu sei, não satisfará o apetite imenso do público por resultados de pesquisas. É a minha modesta contribuição à divulgação, um pequeno grão de areia que acrescento com meu narigão.

P. B.

A de...

Antropófago: qual é o sabor da carne humana?

Uma campanha publicitária, veiculada na televisão e na imprensa da Alemanha, apresentou um restaurante berlinense único em seu gênero: um restaurante em que se serviam pratos à base de carne humana. Convocavam-se voluntários à mesa... de operação para doar um pouco de si mesmos. Foi um escândalo monumental. É claro que se tratava de um engodo, criado por vegetarianos para denunciar o consumo de carne animal. O comunicado dos criadores explicou, com uma abordagem falha, que "comer carne é como consumir pessoas", um argumento que parte do princípio de que os alimentos dados aos animais seriam mais bem utilizados para nutrir os famintos.

Se deixarmos de lado o tabu do canibalismo, bem mais forte do que todas as proibições alimentares ditadas pelas religiões, esse fato estranho nos leva a formular uma pergunta (dependendo do ponto de vista, uma pergunta de um curioso, de um jornalista com poucos leitores ou de um desequilibrado): qual é o sabor da carne humana? Foi o que fez Martin Robbins no *blog* que escreve para o *The Guardian*. Embora os exemplos de antropofagia sejam numerosos, as informações precisas a respeito do sabor da carne proibida não são encontradas nem nas ruas nem nos artigos científicos. Por não ter à mão o doutor Lecter, o célebre "Hannibal, o canibal" de *O silêncio dos inocentes*, que ao mesmo tempo era pesquisador e cozinheiro especializado em assados humanos, Martin Robbins folheou os relatos de outros assassinos em série.

O primeiro, e um dos mais célebres entre eles, é o alemão Armin Meiwes, mais conhecido pelo cognome de "Canibal de Rotemburgo", que havia colocado anúncios em que declarava procurar um voluntário que desejasse ser comido. Ele encontrou com facilidade um voluntário, que foi ser devorado na casa dele em março de 2001. Em uma entrevista realizada em 2007, Armin Meiwes, condenado à prisão perpétua, explicou como havia preparado seu filé de engenheiro, que ele achou um pouco duro e cuja carne "tinha sabor de porco, um pouco mais amargo, mais forte". Evidentemente, considerando a personalidade muito singular desse homem, é difícil confiar completamente em sua descrição. A aproximação com a carne de porco assume um pouco mais de consistência com as histórias, completamente reais e horríveis, do polonês Karl Denke e do alemão Fritz Haarmann, dois personagens dignos do filme *Delicatessen,* de Marc Caro e Jean-Pierre Jeunet, ou de *Bouchers verts*, do dinamarquês Anders-Thomas Jensen. Esses dois homens viveram nos anos 1920 e mataram dezenas de pessoas, cuja carne revendiam no mercado como se fosse carne de porco.

Existem bons motivos, em termos científicos, para que o homem tenha sabor de porco... O porco é, de fato, considerado como um bom análogo do *Homo sapiens*, do ponto de vista físico e fisiológico: um mamífero que come de tudo e não é grande demais. Os órgãos internos das duas espécies têm aproximadamente o mesmo tamanho. Além disso, lembro-me de que um médico do instituto de pesquisa criminal da polícia nacional francesa, em Rosny-sous-Bois, me explicou que os trabalhos sobre decomposição – muito úteis para datar os crimes quando os cadáveres são encontrados dias ou semanas depois – são feitos principalmente com porcos.

Está decidido então que o homem tem sabor de porco? Não se apresse, nem todos concordam. Começando por um outro assassino antropófago, Nicolas Cocaign, denominado o "Canibal de Rouen", condenado a 30 anos de reclusão por ter matado um companheiro de prisão, comendo em seguida um pedaço de seu pulmão: "O que é terrível é que isso é bom. Tem gosto de cervo. É macio", declarou ele a um psicólogo, em 2007.

Um outro depoimento discordante é o de William Buehler Seabrook. Jornalista do *New York Times* depois da Primeira Guerra Mundial, ele viajou pelo mundo e, em especial, pela África, onde se questionou sobre o canibalismo a ponto de querer vivenciar essa experiência. Por fim, ele encontrou uma tribo de antropófagos que comia os inimigos mortos em combate. Um dos guerreiros disse-lhe quais eram as partes mais apreciadas: quanto à carne, todas as costas (o que corresponde, na vaca, ao filé de costela, ao filé *mignon* e à alcatra); quanto aos miúdos, o fígado, o coração e o cérebro eram considerados as partes preferidas. Um guerreiro garantiu que, em sua opinião, "a palma das mãos era a parte mais macia e deliciosa de todas". No entanto, Seabrook não conseguiu satisfazer seu desejo, pois serviram-lhe carne de macaco. Porém, ele era obstinado. De volta à França, ele conseguiu obter um pedaço de carne humana com um aluno de medicina da Sorbonne e, na vila do barão Gabriel des Hons, em Neuilly, entregou-se enfim à sua experiência, diante de testemunhas. Seabrook cozinhou a carne como teria feito com carne de vaca, serviu-se de um copo de vinho e uma porção de arroz e provou um bocado: "Aquilo se parecia com uma boa carne de vitela bem desenvolvida, não jovem demais, mas ainda não uma vaca. Era assim, sem a menor dúvida, e não se parecia com nenhuma outra carne que eu já tenha provado. Era tão próxima de uma boa carne de vitela bem desenvolvida que creio que ninguém que seja dotado de um paladar comum e de uma sensibilidade normal conseguiria distingui-la da vitela. Era uma carne boa e suave, sem o gosto marcado ou forte que podem ter, por exemplo, a cabra, a carne de caça ou o porco. [...] E quanto à lenda do gosto de porco, repetida em mil histórias e recopiada em uma centena de livros, ela é total e completamente falsa".

Mais uma opinião divergente... Qual sabor tem, portanto, a carne humana? Responder a essa questão não é tão insolúvel quanto o problema com que se defronta alguém que deseja descrever o perfume do jasmim? A descrição de um sabor é um exercício muito pessoal, que reúne as sensações provenientes da língua (sabores primários como o doce, o salgado, o ácido e o amargo, mas também a textura, a quantidade de gordura etc.), as provenientes do nariz (pois os odores são um componente importante do sentido do paladar) e também a memória de tudo aquilo que já comemos e das circunstâncias particulares em que descobrimos novos alimentos. O jasmim tem perfume de jasmim (ou, às vezes, o perfume de uma mulher). E, sem dúvida, a carne humana tem apenas o sabor da carne humana, sem outro referente exato além de si mesma.

Durante a segunda viagem de Cristóvão Colombo à América (1493-1496), o médico da expedição, Diego Alvarez Chanca, redigiu o que é considerado como o primeiro relato etnográfico dedicado aos povos do Novo Mundo. Os canibais de que Colombo havia ouvido falar sem vê-los em sua primeira viagem estavam por fim no encontro. Nas casas desses índios caraíbas, encontravam-se muitos ossos humanos. Chanca escreveu: "Eles afirmam que a carne do homem é tão boa para comer que nada no mundo lhe pode ser comparado".

Setembro de 2010

Apocalipse: quem serão os últimos habitantes da Terra?

Na longa tradição dos que anunciam o apocalipse, existem aqueles que acreditam que o fim do mundo está próximo e esperam o dia 21 de dezembro de 2012, mas eles estão claramente enganados... E existem aqueles que dizem que a vida na Terra tem pela frente um pouco mais de tempo do que isso. Ainda assim, podemos nos questionar sobre o dia do desaparecimento físico de nosso pla-

PIERRE BARTHÉLÉMY

neta, que, provavelmente, será engolido por um Sol transformado em gigante vermelho, e também nos interrogar a respeito da época em que a vida chegará ao fim. De fato, a luminosidade crescente de nossa estrela em processo de envelhecimento vai se manifestar muito antes da fase de "gigante vermelho", por um aumento inevitável da temperatura terrestre, o que desencadeará uma série de mecanismos fatais para os organismos vivos, por exemplo, a evaporação dos oceanos. Daí surge a pergunta: quem serão os últimos habitantes da Terra e por quanto tempo eles resistirão?

O assunto é apaixonante e mistura astronomia, geofísica e biologia. Em um artigo publicado no *V International Journal of Astrobiology*, uma equipe britânica esboçou um cenário de longo prazo. Comecemos, portanto, pelo Sol, pois se foi ele que permitiu que a vida se desenvolvesse sobre a Terra, dando-lhe energia, também será ele o responsável por seu desaparecimento. De um modo um pouco irônico, o Sol irradiará energia *demais*. Ao envelhecer, o núcleo de nossa estrela, que já é muito quente, sofrerá um aumento de temperatura. Vamos esclarecer desde o começo que isso não tem nenhuma ligação com o aquecimento climático, pois o aumento da luminosidade solar é um fenômeno muito lento. Estimamos assim que na origem, há 4,5 bilhões de anos, a luminosidade do Sol era de cerca de 70% de seu valor atual. Ou seja, houve um aumento de 8% por bilhão de anos. Precisaremos, então, esperar dezenas de milhões de anos, talvez até mais, para que o fenômeno descrito acima comece a atuar de maneira significativa sobre as temperaturas terrestres.

Esse aquecimento terá diversas consequências; em especial, o aumento da evaporação da água presente na superfície do planeta e o aumento do efeito estufa (o vapor d'água é um dos gases do efeito estufa). Em um bilhão de anos, a evaporação rápida dos oceanos estará em andamento. O fenômeno terá como consequência o emperramento das placas tectônicas, pois é a água dos oceanos que serve de lubrificante para que elas deslizem umas em relação às outras. Ora, esses movimentos têm um papel importante no ciclo do carbono sobre a Terra: as rochas que são engolidas liberam o carbono que sobe à superfície, na forma de CO_2, por meio da atividade vulcânica. Poderíamos dizer que a desaceleração desse ciclo é uma coisa boa, pois o dióxido de carbono também é um gás do efeito estufa. Mas isso seria esquecer que se trata sobretudo do... combustível da fotossíntese das plantas, que é o mecanismo essencial pelo qual a energia do Sol é transmitida a inúmeros seres vivos. Será, portanto, o desaparecimento progressivo das plantas que dará início à despedida da vida sobre a Terra.

A diminuição progressiva dos vegetais significa, evidentemente, a demolição da cadeia alimentar, pois as plantas são a base da maioria dos ecossistemas. Também representa a asfixia previsível para os animais, com a produção de oxigênio quase em pane (o fitoplâncton, as microalgas e as cianobactérias devem continuar a produzi-lo durante 100 milhões de anos). Percebemos assim que, a partir de um simples aumento de energia solar, toda a composição da atmosfera será perturbada. Quem serão as primeiras vítimas dessa penúria de alimentos e de oxigênio? Os animais de sangue quente e, em primeiro lugar, os mamíferos. Mesmo que os vertebrados ectotérmicos apresentem maior tolerância ao calor, sua resistência não deverá durar muito tempo. Além disso, os anfíbios e os peixes de água doce terão dificuldade para sobreviver à crescente diminuição da água. Na maioria dos répteis, outro fenômeno entrará em ação, pois é a temperatura durante a incubação que determina, muitas vezes, o sexo dos embriões. Compreendemos facilmente que, se todos os indivíduos nascerem com o mesmo sexo, a perpetuação da espécie não estará mais garantida... Assim, entre os animais, os invertebrados provavelmente serão os mais resistentes; conhecemos, por exemplo, espécies de coleópteros que conseguem viver em ambientes com mais de 50 °C.

Entretanto, é muito provável que os campeões de sobrevivência em uma Terra estéril e sem oceanos não sejam os organismos pluricelulares. Os últimos a surgir, serão os primeiros a partir, pois, nesse caso, complexidade rima com fragilidade. As bactérias e os *archaea*, que os precederam, têm todas as características necessárias para durar mais tempo, em especial uma grande capacidade de adaptação e de sobrevivência em um ambiente físico e químico hostil para organismos como os mamíferos. Quando o planeta deixar de ser habitável para nós, ele continuará a ser habitável para numerosos micro-organismos, começando por aqueles que vivem nas profundezas do solo.

Mas, mesmo na superfície, os autores do estudo estimam que devem subsistir "nichos" para seres vivos, com a condição de que

Ciência de A a X

estes sejam extremófilos, aqueles campeões das condições extremas, capazes de suportar temperaturas muito altas, meios ácidos ou alcalinos ou muito carregados de sal. Será preciso também que eles sejam capazes de se proteger dos raios ultravioleta do Sol, pois a camada de ozônio não estará mais presente para fazer isso. No "melhor" dos casos, aquele em que o eixo de rotação da Terra fique ainda mais inclinado, ou até completamente deitado sobre o plano em que nosso planeta se desloca, pode ocorrer que, nas regiões polares, a água fique presa em grutas com temperatura mais "fresca" do que a que reina no resto do globo. As grutas serão os últimos abrigos da vida. Mas mesmo nessa eventualidade otimista, chegará um momento em que, em virtude de um efeito estufa galopante, a Terra atingirá e ultrapassará os 150 °C de temperatura média. É provável, dizem os pesquisadores britânicos, que mesmo as formas de vida mais resistentes desapareçam nessas condições. Isso deve acontecer daqui a 2,8 bilhões de anos.

No momento, esse tipo de estudo é útil, em especial... para os astrobiólogos, os cientistas que exploram os outros sistemas solares em busca da vida. Seu Graal consiste em descobrir, ao redor de uma estrela mais ou menos análoga ao nosso Sol, um planeta do tamanho da Terra e que orbite na zona de habitabilidade dessa estrela, isto é, em uma órbita bastante próxima para que a água, na superfície do planeta, esteja líquida, mas também suficientemente afastada para que um efeito estufa devastador não o transforme em Vênus, onde reina uma temperatura média de mais de 450 °C, resultado de um efeito estufa monstruoso. Mas, mesmo que o Graal seja encontrado, ainda será preciso determinar a idade da estrela em questão: um sistema solar jovem demais provavelmente não terá tido tempo suficiente para desenvolver a vida (em nosso planeta, foram necessários centenas de milhões de anos para que surgissem os organismos unicelulares e dois bilhões e meio de anos para o aparecimento dos pluricelulares), enquanto um sistema velho demais poderia ser sinônimo de extinção generalizada dos seres vivos. A zona de habitabilidade é um bom critério, mas é preciso conhecer seus limites e, em especial, a data de validade!

Novembro de 2012

Arquivo X: uma nova ideia para detectar extraterrestres

"O silêncio eterno desses espaços infinitos me assusta" escreveu Blaise Pascal diante do cosmos. Um modo moderno de reinterpretar essa frase famosa consiste em abordá-la a partir do fracasso que, até o momento, resultou de todas as tentativas dos astrônomos para descobrir sinais de vida extraterrestre. O ET se calou e seu silêncio obstinado faz com que nos perguntemos, hoje e sempre, se estamos sós no Universo. Além disso, estamos ainda mais impacientes para detectar outras civilizações, pois essa possibilidade nunca nos pareceu tão próxima. Desde 1995, data da descoberta do primeiro planeta extrassolar, encontramos centenas de outros mundos, e os exobiólogos não conseguem deixar de imaginar as melhores maneiras de detectar biomarcadores nos exoplanetas. Outros cientistas, já há meio século, escutam o cosmos com diferentes programas *Search for Extraterrestrial Intelligence* (SETI – Busca por Inteligência Extraterrestre), esperando captar sinais de rádio de origem artificial, emitidos por civilizações tecnológicas que vivam em exoplanetas em órbita ao redor de estrelas próximas. Mas esses sinais de rádio não são os únicos indícios tecnológicos que poderíamos procurar. Assim, no fim de 2011, foi proposto observar a parte não iluminada dos exoplanetas (ou seja, o hemisfério desses astros mergulhado na noite) para tentar encontrar sinais de iluminação artificial, do mesmo modo que nossos grandes cen-

CIÊNCIA DE A A X

tros urbanos iluminam o céu e servem de parâmetros para os que se encontram na estação espacial internacional.

Em um artigo publicado no site de pré-publicações *arXiv*, dois pesquisadores espanhóis apresentaram uma nova ideia à comunidade científica. Por que não tentar detectar outro aspecto de uma civilização extraterrestre de alta tecnologia, ou seja, suas viagens interestelares? Esse conceito já havia sido apresentado, em 1994, pelo engenheiro norte-americano Robert Zubrin, insaciável promotor de odisseias do espaço e fundador, em 1998, da Mars Society (Sociedade de Marte). Na época, Zubrin buscava observar os raios gama que seriam necessariamente emitidos por imensas naves espaciais que funcionassem com antimatéria ou com propulsão nuclear. Os dois espanhóis, no entanto, exploraram outro caminho, propondo que detectássemos a luz estelar refletida pelas naves espaciais.

Eles partiram da hipótese segundo a qual uma civilização avançada seria capaz de explorar outros sistemas solares além do seu, fosse para estudá-los cientificamente, para explorar recursos ou para se afastar de uma estrela no fim da vida antes que ela explodisse. Realizar uma tal viagem interestelar, isto é, percorrer muitos anos-luz, implica dispor de uma fonte de energia considerável (fusão nuclear, antimatéria, buraco negro, indo do mais "simples" para o mais exótico) a fim de poder avançar a uma fração não negligenciável da velocidade da luz, sem o que se poderia apostar que a aventura, ao se eternizar, acabaria em um fracasso. Para dar um exemplo, a estrela mais próxima de nós, Próxima do Centauro, situa-se a 4,2 anos-luz, o que significa que, quando a observamos com um telescópio, vemos a luz que ela emitiu há 4,2 anos. Se desejássemos ir até lá com a velocidade das missões Apolo (11 quilômetros por segundo), seriam necessários mais de 110 mil anos. Admitindo que algum dia sejamos capazes de viajar a uma velocidade média de 30 mil quilômetros por segundo (ou seja, um décimo da velocidade da luz, o que é muito), levaríamos mesmo assim 42 anos para chegar. Uma viagem longa, mas viável.

Portanto, precisaríamos de velocidade e também de uma nave enorme para abrigar a colônia que se lançaria na aventura e todo o carregamento necessário para nutri-la, vesti-la, equipá-la etc. Se os eventuais extraterrestres seguissem o mesmo raciocínio, eles viajariam com motores mais ou menos análogos aos dos destróieres espaciais que vimos em *Guerra nas estrelas*. Esses motores também podem se assemelhar à nave do projeto Ícaro, iniciado pela Fundação Tau Zero e pela British Interplanetary Society (Sociedade Interplanetária Britânica). Como podemos observar na imagem do artista Adrian Mann, que colocou o Ícaro ao lado do edifício Empire State, estamos tratando de uma grande estrutura em termos de massa (várias dezenas de milhares de toneladas) e de tamanho, sendo que a maior parte da máquina é ocupada pelas reservas de combustível.

Tamanho e velocidade. São exatamente esses os dois pontos visados pelos cientistas espanhóis: o tamanho para refletir o máximo de luz, seja da estrela da qual se afastam, seja daquela da qual se aproximam; e a velocidade para carregar, com o efeito Doppler, o comprimento de onda dessa luz e todo o seu espectro eletromagnético. Um astrônomo terrestre que descubra em nossa galáxia um ponto luminoso dotado dessa assinatura muito particular seria obrigado a concluir que se trata de um sinal artificial, pois nenhum objeto natural se desloca a centésimos da velocidade da luz (exceto os hipotéticos planetas hipervelozes ejetados por buracos negros). Os autores do artigo recomendam, portanto, recensear os pares de estrelas próximas uma da outra em nossa vizinhança galáctica, entre as quais poderiam transitar grandes naves espaciais. Em seguida, é preciso dispor de um telescópio potente o bastante para detectar, a vários anos-luz de distância, o reflexo de uma estrela sobre um objeto artificial de algumas centenas de metros de comprimento... Probabilidade de sucesso: extremamente próxima de zero. Existe, entretanto, um caso em que esse método de detecção de extraterrestres poderia ser mais eficaz: se uma nave se dirigisse diretamente para nós, reenviando a luz do Sol, cujo espectro eletromagnético conhecemos nos menores detalhes. Poderíamos, enfim, gritar para todo o planeta que "não, não estamos sós no Universo" e, depois, teríamos de nos perguntar o que desejam esses visitantes...

Abril de 2012

At@que: o dia em que hackers invadiram a rede elétrica

A cena se passa em março de 2007, no estado norte-americano de Idaho. Um *hacker* mal-intencionado abriu um caminho na rede ligada a um gerador elétrico de tamanho médio, que produz corrente alternada. O princípio da máquina é simples: várias dezenas de vezes por segundo (60 nos Estados Unidos, 50 na França), o fluxo de elétrons vai em um sentido e, depois, em outro (daí o nome de alternador). O alternador deve estar perfeitamente sincronizado com a rede elétrica. Ao enviar uma barragem de comandos de interrupções e retomadas aos disjuntores da máquina, o *hacker* a dessincroniza. A corrente produzida não vai mais na mesma direção da corrente da rede, e isso é um pouco comparável a passar para a marcha a ré enquanto se dirige por uma estrada. O que se segue, a batalha perdida do alternador contra a rede, é filmado por uma câmera. Vemos que o gerador de várias toneladas é agitado por movimentos súbitos. Pedaços de peças caem ao chão. Depois, escapam vapor e fumaça negra. Fora de serviço.

Na verdade, o *hacker* em questão era apenas um pesquisador trabalhando no contexto controlado de um exercício de segurança, o projeto Aurora, realizado no Idaho National Laboratory. Pode-

CIÊNCIA DE A A X

mos dizer que o teste foi conclusivo. Estamos acostumados a considerar os *hackers* ligados aos sistemas virtuais. A atualidade nos lembra disso todos os dias. Como explicou, em um artigo publicado na revista *Scientific American*, David Nicol, professor e diretor do Information Trust Institute na Universidade de Illinois, os sistemas físicos estão, a partir de agora, ao alcance dos piratas, pois todos são comandados a distância por computadores. Depois do projeto Aurora, o melhor exemplo foi dado pelo vírus informático Stuxnet que, em 2009-2010, visou ao programa nuclear iraniano. Segundo um relatório publicado em dezembro de 2010 pelo Institute for Science and International Security (Instituto para Ciência e Segurança Internacional), o Irã teve de substituir mil centrífugas de enriquecimento de urânio que haviam sido destruídas pelo Stuxnet ao lhes enviar sub-repticiamente um comando para girarem depressa demais...

Em seu artigo, David Nicol aborda a longa lista dos pontos fracos do sistema de produção e armazenamento de eletricidade e destaca o quanto se ultrapassou a garantia de que o sistema não teria nada a temer porque não está conectado à internet. Existem diversos pontos de entrada na rede elétrica e, como demonstrou o Stuxnet, basta conectar um *pen drive* USB infectado a um computador para que um programa mal-intencionado muito bem elaborado vá buscar silenciosamente as falhas do sistema, enquanto faz parecer que tudo está sob controle. O projeto Aurora se aproveitou da brecha no nível do alternador, mas também é possível atacar as linhas de transformação, as linhas de distribuição ou as estações de controle. Daí a reproduzir o filme de ação *Duro de matar 4 – viver ou morrer...* David Nicol relata também outro exercício de simulação, realizado em 2010, no qual os alvos eram as linhas de transformação, que, como diz de modo muito pedagógico o site da empresa EDF (Électricité de France), "são locais fechados e comandados a distância a partir de estações principais, chamadas de painéis de controle de comandos agrupados"... exceto quando outra pessoa pega os comandos. O exercício foi um "sucesso" no sentido de que todo um estado do oeste norte-americano ficou praticamente privado de eletricidade durante várias semanas. Bruce Willis não estava lá...

A fragilidade de toda a rede de computador é revelada por meio do exemplo da rede elétrica. Léon Panetta não se enganou. O antigo diretor da CIA declarou diante de uma comissão do senado que o próximo Pearl Harbour que o exército norte-americano deverá confrontar pode muito bem ser um ciberataque que vise às redes de segurança, financeiras ou elétricas. Até aqui reservada aos cenários de filmes de catástrofes ou de ficção científica, a tomada do controle a distância de uma central nuclear por um grupo terrorista se aproxima lenta, mas certamente, do domínio do possível. Não é preciso mais que ocorra um *tsunami* para que haja Fukushima, basta um *pen drive*.

Mas existem coisas ainda mais assustadoras. Um artigo de pesquisa publicado pela Comissão Internacional sobre Não Proliferação e Desarmamento Nucleares investigou a possibilidade de invadir os sistemas de comandos nucleares. O autor, Jason Fritz, reconheceu que os mecanismos de segurança instalados são enormes, redundantes, extremamente robustos, mas reconhece que, mesmo assim, subsiste uma ameaça: "Um ciberataque bem-sucedido só precisa encontrar um único ponto fraco enquanto uma ciberdefesa de sucesso precisa encontrar todos os pontos fracos possíveis. Quando indivíduos mais jovens e com mais domínio de informática forem recrutados pelas organizações terroristas, eles poderão começar a reconhecer o potencial desse tipo de ataque". Ou seja, em vez de tentar fabricar uma bomba ou comprar uma, por que não levar um Estado nuclear a disparar uma? Seria, evidentemente, impossível piratear os códigos de ataque de Barack Obama ou de

François Hollande. Mas, escreveu Jason Fritz, "apesar das afirmações de que as ordens de um ataque nuclear só podem ser dadas pelas mais altas autoridades, numerosos exemplos demonstram a possibilidade de contornar a cadeia de comando e inserir essas ordens em níveis mais baixos. Os ciberterroristas poderiam também provocar um ataque nuclear imitando os sistemas de alarme e de identificação ou danificando as redes de comunicação".

Junho de 2011

B de...

Banquete: quantos mosquitos você pode alimentar?

É verão e o Sol ainda está alto o bastante para permitir um aperitivo ao ar livre. Também é a hora do aperitivo para os mosquitos. Ao menos, sejamos justos, para as fêmeas, que são as únicas a nos picar, além de picarem também um grupo heterogêneo de animais de sangue quente ou frio, já que as rãs e as serpentes também são atacadas, assim como alguns insetos. Mas é verdade que um ser humano de bermudas ou vestidinho de verão é uma vítima ideal: a superfície é maior.

A senhora mosquito precisa do seu sangue, não realmente para comer, já que ela se nutre essencialmente de néctar, mas para obter as proteínas de que precisa a fim de desenvolver seus ovos antes da postura. A retirada de sangue é uma etapa indispensável no ciclo reprodutor da maioria das espécies de mosquitos. O inseto percebe você de muito longe, simplesmente porque, por estar vivo, você respira e transpira (se estivesse morto, você evitaria as picadas de mosquitos e um bom número de outros problemas como as idas ao supermercado aos sábados, com a música ambiente como fundo sonoro). Graças a um sistema olfativo aperfeiçoado, o díptero percebe, de fato, o dióxido de carbono que você expira e toda uma série de elementos presentes em seu suor. Se você tiver a sorte de expelir no suor uma molécula que o desagrade, ele o evita. Se não, o mosquito se aproxima, prepara-se, põe o guardanapo em volta do pescoço e pega seus talheres. No caso, uma agulha que pica com perfeição e impedirá que seu corpo reaja adequadamente à agressão. Depois de a pele ser perfurada, a agulha afunda até encontrar um pequeno vaso sanguíneo. Nesse momento, o canal salivar injeta uma substância anestésica (como todas as pessoas, o mosquito não quer ser esmagado durante a refeição) e, sobretudo, impede a coagulação. O jantar começa.

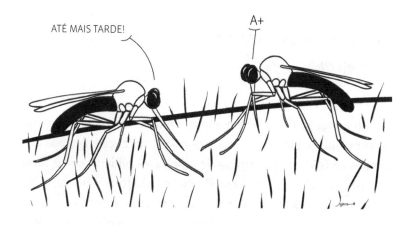

Como gosto de números e contas, eu me perguntei qual quantidade de sangue a fêmea do mosquito pode consumir e qual proporção de sua massa isso representa. Segundo os dados que encontrei, a retirada média é de cinco milionésimos de litro. A densidade do sangue é muito pouco superior à da água (1 kg/litro), e deduzimos que o inseto consome cinco miligramas, ou seja, duas vezes sua própria massa, pois os mosquitos pesam, em média, 2,5 miligramas! Os vencedores de concursos de bebedores de cerveja já podem ir para casa. E como estamos falando de números, aqui está uma pequena charada. Supondo-se que um homem médio pudesse dispor inteiramente de seus cinco litros de sangue, quantos mosquitos que desejem iniciar uma família poderiam se servir de sua reserva de proteínas? Resposta simples: um milhão.

Post-scriptum: não nos esqueçamos de que, dentre todos os animais, o mosquito é o mais perigoso para o homem. Quase tão perigoso quanto o homem, se considerarmos os acidentes nas estradas, as guerras e os diversos tipos de homicídios.

Junho de 2011

Barítono: na política, uma voz grave é uma vantagem

Em cada eleitor, existe um homem; em cada eleitora, uma mulher. E em cada um desses homens e mulheres existe uma parte de animalidade mais ou menos oculta, a lembrança enterrada dos tempos antigos em que grupos de bípedes escolhiam o mais forte para dirigir o clã ou a tribo. Escolher o homem forte significava dar a cada membro do grupo social mais chances de sobreviver e de se reproduzir. Foi partindo dessa hipótese evolucionista, segundo a qual a seleção natural favoreceu em nós a capacidade de captar de modo refinado as características de um chefe, que uma equipe canadense do departamento de psicologia, neurociências e ciências comportamentais da Universidade McMaster (Hamilton, Ontário) questionou se um dos sinais que ajudariam na escolha do líder natural se referia ao naipe de sua voz. E se, apesar da onipresença atual das telas, a voz isolada de um político poderia influenciar os eleitores (será preciso esperar alguns anos para estudar a voz das mulheres na política).

Como lembra o estudo que esses pesquisadores publicaram na revista *Evolution and Human Behavior*, trabalhos anteriores demonstraram que uma voz desagradável reduzia o poder de atração dos políticos. Por outro lado, em um artigo surpreendente publicado em 2002, dois pesquisadores norte-americanos analisaram o espectro vocal de vários candidatos à Casa Branca, gravados durante dezenove grandes debates televisionados no decorrer de oito campanhas presidenciais, entre 1960 e 2000, e em todas as vezes puderam "prever" o vencedor da eleição, pois determinadas características da voz revelavam seu "domínio". Nessa linha, o estudo canadense estudou a influência que o naipe da voz poderia ter sobre a maneira que o público percebe os políticos. Quais características são atribuídas a um barítono e a um tenor e qual dos dois tem mais chances de ser eleito, se nos basearmos apenas em sua voz?

Para descobri-lo, duas experiências foram realizadas com uma amostra de 125 pessoas divididas em dois grupos. Cada grupo escutava duas vezes a voz de nove ex-presidentes dos Estados Unidos: uma vez, a voz havia sido artificialmente baixada para os graves e, na outra, havia sido elevada para os agudos. Os participantes do teste deviam, em seguida, responder e realizar cinco escolhas. O primeiro grupo devia dizer qual dos dois exemplos sonoros de político: 1. parecia mais atraente, 2. seria um dirigente melhor, 3. seria um dirigente mais honesto, 4. parecia mais digno de confiança, 5. provocaria mais vontade de votar nele em uma eleição nacional. O segundo grupo devia especificar quem: 1. parecia mais dominante, 2. gerenciaria melhor a situação econômica atual, 3. parecia o mais inteligente, 4. seria o mais suscetível de ser envolvido em um escândalo, 5. seria o candidato preferido para uma eleição em tempo de guerra. Em nove casos entre dez, a versão com voz grave foi a mais escolhida. A única exceção foi... o único critério negativo incluído no questionário, ou seja, "o mais suscetível de ser envolvido em um escândalo". Como se diz, existe "falso" em um "falsete"...

Para a segunda experiência complementar à primeira, não se tratava mais de comparar duas variantes do mesmo político, mas as vozes artificialmente agudas e graves de dois desconhecidos, A e B, pronunciando a seguinte frase neutra: "Quando as gotas de chuva no ar são tocadas por um raio de sol, elas agem como um prisma e formam um arco-íris". Sem entonação inflamada, sem retórica, sem *slogan*. Cada participante devia dizer em qual locutor votaria em uma eleição. Para a metade, A tinha voz grave e B tinha voz aguda, e isso era invertido para a outra metade da amostra. Na realidade, pouco importava quem falava, pois as "cobaias" elegeram, com 70% dos votos, o candidato com voz grave, qualquer que fosse ele.

Segundo os autores, mais do que a atração, são o domínio e a coragem que se refletem na tonalidade mais baixa. Isso confirma o fato de que se pode, às cegas, determinar a força física de um homem simplesmente escutando sua voz (em culturas e idiomas diferentes) e que uma voz grave está associada a uma taxa mais alta de testosterona, o hormônio masculino por excelência. Evidentemente, não escolhemos um candidato em uma eleição apenas pela voz (ou por outra característica física). Na realidade, a evolução da espécie humana levou-a a elaborar ideias e programas cuja leitura e comparação demonstram ser, *a priori*, elementos úteis em uma eleição. No entanto, esse estudo canadense suspeita que, para aproveitar todas as vantagens, os candidatos começarão a aplicar essas descobertas, seja treinando para falar em seu registro mais grave, seja fazendo abaixar artificialmente a tonalidade de sua voz durante as transmissões de rádio ou TV...

Post-scriptum: para completar o retrato do homem com voz grave, eu acrescentaria que ele também é percebido como sendo o mais suscetível a ser infiel. Isso combina muito bem com os melhores espécimes de nossa elite política masculina...

Novembro de 2011

Bzzz: quando as moscas levam as almas dos mortos

É uma história arqueológica que poderia ser lida como um livro policial cujos heróis seriam os especialistas da polícia científica. Uma história de cadáveres e animais mais ou menos análoga às que o arqueozoólogo Fred Vargas gosta de escrever... Tudo começa com as escavações das tumbas da cultura mochica, uma civilização pré-colombiana que floresceu entre os anos 100 d.C. e 750 d.C., ao longo da costa norte do Peru.

Nessas tumbas, encontramos, é claro, mortos, objetos e também pequenas cápsulas, numerosas e estranhas. Trata-se de pupários, um tipo de casulo duro no qual se desenvolvem as larvas de certos dípteros. Que faziam lá todas essas larvas de moscas? Para que serviriam? Foi essa a pergunta que dois entomologistas (talvez eu devesse dizer arqueoentomologistas), o francês Jean-Bernard Huchet e o norte-americano Bernard Greenberg, tentaram responder em um estudo publicado no *Journal of Archaeological Science*.

No grande sítio arqueológico mochica da Huaca de la Luna, o ocupante da tumba 45 era um homem jovem, com cerca de vinte anos, morto há mais de 1.700 anos e cujo crânio conservava traços de cinabre, um pigmento mineral vermelho. Foram encontrados perto dele quatro pedaços de tigelas de cerâmica e cerca de duzentos pupários... O exame antropológico revelou que o esqueleto estava incompleto e que faltavam um pedaço do braço esquerdo e a parte inferior das pernas. Além disso, o úmero direito estava ao contrário. Tudo indicava que a tumba havia sido reaberta e o cadáver tinha sido remexido, mas a presença dos utensílios demonstrava que não tinha havido pilhagem. Outros estudos de esqueletos sugeriam que os mochicas tinham desenvolvido práticas funerárias complexas que incluíam enterros tardios assim como reabertura de tumbas. Teria sido isso que acontecera na sepultura 45?

É aí que as moscas entram em jogo. Jean-Bernard Huchet e Bernard Greenberg adaptaram à arqueologia os métodos da polícia científica, que explora a atração que os cadáveres exercem sobre determinados insetos para datar o tempo após a morte. Os animais necrófagos chegam, comem, se reproduzem, se desenvolvem etc. segundo um calendário muito preciso. Esse calendário é influenciado por inúmeros fatores, como a meteorologia, as vestimentas ou o estado do corpo. Os dois entomologistas tiveram, portanto, de analisar os pupários com o microscópio eletrônico de varredu-

CIÊNCIA DE A A X

ra a fim de identificar as espécies presentes. Depois, Jean-Bernard Huchet realizou, no sítio arqueológico peruano, experiências com pedaços de carne de porco, animal que é um excelente análogo ao ser humano, a fim de descobrir os diferentes "*timings*" dessas moscas. Depois de descobrir essa cronologia, os dois pesquisadores puderam concluir que o cadáver da tumba 45 havia permanecido um mês ao ar livre antes de ser enterrado.

Por que fazer isso? A melhor hipótese até hoje é pouco atraente se julgarmos pelos nossos critérios... Segundo essa hipótese, os mochicas queriam atrair deliberadamente as moscas e suas larvas necrófagas (que podem devorar a metade de um corpo no espaço de uma semana) para liberar a alma dos mortos, uma prática que os espanhóis encontraram nos Andes 1.500 anos depois e que é confirmada pela iconografia mochica, na qual a mosca tem um lugar reservado perto dos mortos ou... dos futuros mortos, que são os prisioneiros destinados ao sacrifício. Uma visão exatamente oposta à que era praticada no Egito antigo, onde se empregavam estratégias complexas para impedir a putrefação do corpo (embalsamamento, mumificação, preces, amuletos) e permitir que o defunto alcançasse a imortalidade, como observaram com justeza os autores do estudo. Em um caso, a alma se libera quando o corpo é destruído; no outro, quando ele é preservado...

Novembro de 2010

C de...

Cárie: o homem pré-histórico também ia ao dentista

Esta é a história de uma mandíbula que atravessou os tempos. Esse pedaço do maxilar inferior pertenceu a um jovem que viveu há 6.500 anos onde hoje fica a Eslovênia. Esse europeu do neolítico não aproveitou a vida por muito tempo, pois a análise de sua mandíbula e dos cinco dentes que ainda continuam nela (um canino, dois pré-molares, dois molares) sugere que ele tinha, no máximo, trinta anos ao morrer. Seus restos foram encontrados no início do século passado em uma gruta e, depois de serem devidamente descritos e catalogados, foram conservados, durante décadas, em um museu de Trieste (Itália) sem que ninguém observasse algo de particular a seu respeito.

Foi ao usá-lo para testar um novo aparelho de radiografia que os pesquisadores do Centro Internacional de Física Teórica de Trieste perceberam uma anomalia: como explicam em um artigo publicado na revista *PLoS ONE,* havia sobre o canino alguma coisa que não devia estar ali. Esse canino estava quebrado e fissurado, faltava toda a ponta, e a dentina, isto é, a parte do dente que fica embaixo do esmalte, estava exposta. Mas, na verdade, ela estava recoberta por uma fina camada de um material desconhecido, como se fosse um tipo de curativo. Quando analisada, essa substância protetora demonstrou ser... cera de abelha. A datação com carbono-14 indicou que ela também tinha 6.500 anos.

O que pode ter acontecido? O estudo não pôde mostrar se a colocação do que parece ser a primeira "obturação" da história foi feita antes ou depois da morte do dono da mandíbula. Assim, foram propostas duas hipóteses. A primeira, que é a favorita dos autores, diz que, ao se quebrar, o dente ficou muito sensível, tanto com o contato do canino superior quando o maxilar se fechava, quanto com as mudanças de temperatura e também com o contato com alimentos açucarados que provocavam uma reação na dentina exposta. Daí, uma tentativa de colmatagem, tapando as frestas, a fim de proteger a dentina e reduzir a dor. A cera seria uma solução prática, porque os produtos das abelhas (mel, cera, própolis) eram correntemente utilizados no neolítico e também porque o ponto de fusão do material era baixo e, portanto, não havia grande dificuldade em recobrir adequadamente o dente. Além disso, a composição química estável da cera garantia um cuidado de longa duração, depois que ela se solidificasse. Quanto à segunda hipótese, pode-se imaginar simplesmente que a cera tenha sido colocada sobre o dente como parte de um ritual funerário que nunca foi visto em outros lugares.

Mesmo que análises posteriores confirmem a validade da primeira hipótese, elas não transformarão o caso desse esloveno no mais antigo exemplo de cuidados dentários. Em um estudo publicado pela revista *Nature*, uma equipe internacional de pesquisadores observou a presença de um dentista pré-histórico, há 9 mil anos, no sítio paquistanês de Mehrgarh. Explorando o cemitério do local, esses arqueólogos examinaram cerca de 4 mil dentes e descobriram diversos casos de perfurações em dentes aparentemente doentes, com a certeza de não se tratar de um ritual *post mortem*, pois havia evidências de que eles continuaram a ser usados depois disso. Medindo entre 1,3 e 3,2 mm de diâmetro, essas perfurações provavelmente eram feitas por meio de brocas de sílex muito finas, acionadas por um arco e usadas comumente para furar as pérolas, que são encontradas em abundância no local. Dificilmente conseguiríamos imaginar a dor que essa operação devia provocar...

Setembro de 2012

Ciência de A a X

Catódico: a morte na TV dá vontade de comprar

Isso se chama teoria do gerenciamento do terror (TGT). Ela diz, resumidamente, que o homem moderno, que não tem mais de batalhar pela sobrevivência no dia a dia como era preciso antigamente, passa muito tempo refinando construções simbólicas (cultura, autoestima) que funcionam como proteções diante do medo da morte, como uma versão sofisticada do instinto de preservação que nunca deixou de existir. Mais de duzentos estudos experimentais, no decorrer dos quinze últimos anos, confirmaram diferentes aspectos dessa teoria. Em especial o fato de que, diante de toda manifestação da morte, cada pessoa combate essa angústia primordial reforçando os comportamentos valorizados por sua cultura. E, em nossa cultura ocidental, a posse de bens materiais constitui um elemento fundamental do sistema de valores. A conclusão lógica consiste em prever que uma maior presença da morte reforçará os comportamentos de consumo.

Isso parece ter sido confirmado depois dos atentados de 11 de setembro de 2001 nos Estados Unidos. Como lembrou em 2007 um estudo francês, "os norte-americanos compraram bens imóveis e automóveis em quantidade recorde e trocaram eletrodomésticos, móveis e aparelhos eletrônicos, fazendo com que de outubro a dezembro o consumo passasse a ter um ritmo de crescimento de 6%. Bom, esses fatos podem ser interpretados em relação à teoria do gerenciamento do terror: para aliviar um estado de ansiedade diante da morte, sutilmente presente na periferia da consciência nos dias e semanas que se seguiram a esses acontecimentos dramáticos, os cidadãos norte-americanos buscaram, em média, valorizar-se no interior de sua cultura, adotando comportamentos subentendidos pelos valores solidamente ancorados na cultura norte-americana, como o materialismo. Essa valorização teria como efeito aumentar a autoestima e aliviar assim a ansiedade diante da morte ao atingir uma forma de 'imortalidade simbólica'".

Eu gasto, logo existo. Para testar essa hipótese, o pesquisador israelense Ilan Dar-Nimrod (Universidade de Rochester, Estados Unidos) deu ênfase ao lugar em que a morte e o incentivo ao consumo se concentram mais: a televisão. Os norte-americanos assistem em média mais de cinco horas de TV por dia, enquanto os franceses se contentam (por assim dizer) com três horas e 47 minutos. Dos dois lados do Atlântico, existem numerosas séries policiais nas telinhas, assim como documentários e programas de variedades, sem esquecer os noticiários e seu conteúdo – sua cota? – de crimes, atentados, acidentes etc. (Um livro já antigo, lançado em 1992, *Big world, small screen*, estimava que, ao sair do ensino fundamental, uma criança norte-americana havia, em média, assistido a 8 mil mortes na TV). E, evidentemente, toda essa programação é cercada ou mesmo interrompida por anúncios.

Para estimar o impacto da morte "vista na TV" sobre a eficácia dos anúncios e o desejo de comprar, Ilan Dar-Nimrod fez a pequena experiência a seguir com cem "cobaias" canadenses. Como explica no estudo que publicou no *Journal of Social Psychology*, os participantes da experiência primeiro assistiram a um vídeo de dez minutos extraído da série *A la Maison-Blanche*, sem nenhuma alusão à morte, seguido da transmissão de quatro *spots* publicitários (de um carro alemão, um carro sul-coreano, um restaurante *fast-food* e *jeans*). A seguir, eles assistiram a um trecho da série *Six feet under* no qual um bebê sucumbia à síndrome da morte súbita do lactente, seguido também por quatro anúncios (de outra marca de carros alemães, outra marca de carros sul-coreanos, outra cadeia de *fast-food* e outra grife de *jeans*). No final de cada uma dessas duas partes, as pessoas davam uma nota ao trecho assistido. Depois, elas avaliavam a atração dos produtos apresentados nos anúncios e também o desejo que sentiam de comprá-los. Os anúncios vistos depois do trecho de *Six feet under* foram considerados mais atraentes do que os outros. Uma indicação favorável à TGT.

Porém, Ilan Dar-Nimrod suspeitava de um viés: o trecho de *Six feet under* havia sido mais apreciado do que o trecho de *A la Maison-Blanche*, e isso poderia ter afetado o desejo de comprar os produtos veiculados nos anúncios. O pesquisador israelense, assim, realizou outro experimento, dessa vez com trechos de filmes: uma cena de *Forrest Gump* (para o trecho sem morte) e a cena final de *O franco atirador*, na qual o personagem interpretado por Christopher Walken atira uma bala na cabeça durante uma rodada de roleta-russa. A cada vez, uma série de anúncios publicitários seguia-se ao trecho. Durante a avaliação, Ilan Dar-Nimrod incluiu um teste suplementar a fim de verificar se a ideia de morte havia ficado gravada na mente dos participantes: tratava-se de completar catorze palavras nas quais faltavam uma ou mais letras. Em seis delas, a solução podia ser uma palavra neutra ou uma palavra relacionada à morte. Por exemplo, RAVE podia ser completada como BRAVE (corajoso, em inglês) ou GRAVE (túmulo, em inglês). Depois de ter visto o trecho de *O franco atirador*, as "cobaias" usavam mais palavras ligadas à morte do que depois do trecho de *Forrest Gump*. E os anúncios que se seguiam à roleta-russa fatal pareciam mais eficazes, mesmo quando as pessoas não preferiam essa cena...

Consumir em reação à morte para mostrar que estamos bem vivos. Ter para ser, de algum modo. Se outros estudos confirmarem os resultados de Ilan Dar-Nimrod, podemos imaginar que grandes marcas terão a ideia de financiar a produção de novas séries repletas de assassinos em série, um mais violento que o outro... Não há muita distância entre a teoria do gerenciamento do terror e o marketing pela morte.

Maio de 2012

Ciclos: alô, mamãe, estou ovulando!

Você sabe o que é o estro? É o que se costuma chamar de "cio" nas fêmeas dos mamíferos, um período de atração sexual que indica que elas estão prontas para serem fecundadas. Por muito tempo, acreditamos que, na espécie humana, a evolução havia feito desaparecer completamente o estro, mas, já há alguns anos, os pesquisadores estimam, por alguns sinais discretos, que essa pequena parte de "animalidade" ainda está presente, profundamente enterrada em nós. Ou seja, as mulheres ainda enviam, ao menos inconscientemente, sinais antes da ovulação, e os homens são capazes de percebê-los, também inconscientemente. Isso se traduz em mudanças ínfimas na silhueta, no odor corporal, na atração do rosto, na criatividade verbal e na volubilidade. Mais concretamente, um estudo norte-americano revelou que as mulheres que praticam "danças de contato" nas casas noturnas masculinas conseguem gorjetas bem mais altas quando estão nesse período específico de seu ciclo menstrual (pois é, nos Estados Unidos, a medida do cio feminino é feita em dólares). Ao contrário, as dançarinas que tomam pílula anticoncepcional (que impede a ovulação) recebem gorjetas muito mais estáveis durante o mês, mas, no final, ganham menos dinheiro...

Se o estro ainda existe no *Homo sapiens*, isso deve teoricamente ser acompanhado, imaginam os evolucionistas, por mecanismos que evitem permanentemente que a mulher atraia parceiros com quem a reprodução seria arriscada e, em especial, os machos de sua própria família. A consanguinidade, ao favorecer a expressão de genes prejudiciais, é de fato um fator de problemas de saúde e de menor expectativa de vida para a descendência. Uma equipe de três pesquisadoras norte-americanas questionou, então, como seria possível verificar se, além do tabu do incesto, a mulher em período de estro dispunha de estratégias de evitação dos homens de sua família. Evidentemente, o que é possível com animais, ou seja, fechá-los em um espaço reduzido e registrar seus menores atos e gestos durante 24 horas por dia, é mais complicado de ser feito com seres humanos. Ou, então, seria possível sugerir aos canais de TV que lançassem um *reality show* familiar com incesto na piscina...

Essas pesquisadoras encontraram, portanto, outro modo de medir as interações sociais dentro de uma família: a fatura detalhada do telefone celular. Como explica um estudo publicado na revista *Psychological Science*, cerca de cinquenta jovens mulheres forneceram o relato detalhado, segundo a segundo, das chamadas realizadas e recebidas. Elas também forneceram as datas de seus ciclos menstruais para que a equipe pudesse correlacionar o estro com a listagem telefônica. As pesquisadoras puderam, assim, avaliar, no decorrer do tempo, as variações na frequência e na duração das chamadas feitas pelas jovens ao pai e à mãe. Se a teoria estivesse certa, as moças ligariam menos para o pai durante os períodos de fertilidade elevada do que durante os períodos em que não estariam férteis. Por outro lado, os telefonemas para a mãe não diminuiriam.

Os resultados confirmaram surpreendentemente essa previsão. No total, 921 ligações, representando 4.186 minutos de conversa, foram registradas. Fora do período fértil, as jovens ligavam em média 0,5 vez por dia para o pai (em comparação com 0,6 vez por dia para a mãe). Durante o estro, esse número caiu para pouco mais de

0,2 ligação por dia para o pai (enquanto a mãe recebeu mais atenção com 0,8 ligação diária). A duração média da conversa também se modificou: com o pai, a conversa passou de pouco mais de dois minutos para um minuto e, com a mãe, de três minutos a mais de 3,5 minutos. O mesmo aconteceu quando as ligações eram feitas pelos pais. Portanto, é possível *a priori* deduzir o estro de uma mulher a partir da fatura detalhada do celular...

Para as autoras do estudo, esses dados foram a primeira prova comportamental de que, durante os picos de fertilidade, as mulheres evitam os homens da família. As três pesquisadoras excluíram a hipótese de que, nesse momento de seu ciclo, as jovens teriam mais necessidade de falar com a mãe e, assim, teriam menos tempo para dedicar ao pai. Do mesmo modo, a ideia de que elas desejariam, durante o estro, se preservar de toda tentativa de controle de sua vida sexual pelo pai foi descartada, simplesmente porque as mães são, histórica e culturalmente, também — ou ainda mais — guardiãs zelosas da sexualidade de suas filhas. Se essa ideia estivesse correta, as mães também teriam recebido menos telefonemas e a duração das conversas teria sido mais curta durante o período fértil... As pesquisadoras esperam encontrar o mesmo esquema de evitação telefônica em relação a irmãos e tios. Não há dúvida de que as faturas de celular têm um futuro certo como instrumentos de pesquisa a respeito das relações humanas.

Outubro de 2011

Cupido: uma escala científica para medir a paixão amorosa

O homem tornou-se a medida do mundo, no sentido estrito e também no figurado. Ele conhece o mundo ao pesá-lo, avaliá-lo, medi-lo e calculá-lo. Foram criadas escalas para quase tudo: a escala Richter para a magnitude dos terremotos, a escala de Beaufort para a velocidade dos ventos, a escala de Saffir-Simpson para a intensidade dos ciclones, a escala de Turim para a ameaça que os asteroides representam para a Terra, as escalas de temperatura (Kelvin, Celsius, Fahrenheit, Réaumur etc.), a escala de Kinsey para a orientação sexual, a escala de Bristol para a tipologia dos excrementos humanos (desaconselhada durante as refeições) etc. E, como era necessário que acontecesse, o *Homo sapiens* também inventou uma escala para medir o imensurável, classificar o inclassificável, racionalizar o irracional da paixão amorosa e medir quantos centímetros penetrou a flecha de Cupido.

De minha parte, ainda permaneço no "eu amo, um pouco, muito, apaixonadamente, loucamente, nem um pouco" dos amores infantis que desfolham margaridas e bem-me-queres. No entanto, isso claramente não era nem preciso nem quantitativo o bastante para os meus amigos de avental branco. Descobri a escala do amor passional por meio de um estudo muito interessante publicado na *PLoS ONE*: os pesquisadores estabeleceram que, nos jovens muito apaixonados, a dor provocada por uma queimadura era expressivamente atenuada quando suas "cobaias" olhavam para uma fotografia do ser amado, um fenômeno que põe em jogo o sistema de recompensa instalado em nosso cérebro. Ao ler isso, me perguntei como se poderia, objetivamente, recrutar pessoas muito apaixonadas. Assim, me interessei pela seção metodológica desse estudo e constatei que os quinze sujeitos estudados haviam obtido um total de pelo menos noventa pontos na forma abreviada da *Passionate Love Scale* (PLS – escala de amor passional).

Essa escala, sem dúvida, já deve ter sido muito explorada pelas revistas femininas, tanto que se parece com os famosos testes psicológicos "Você está realmente apaixonada?", que nos ajudam

PIERRE BARTHÉLÉMY

a passar o tempo na sala de espera do dentista. Encontrei o artigo original, relatando como essa escala foi muito seriamente criada, testada e validada como confiável. Publicado em 1986 no *Journal of Adolescence,* esse artigo foi escrito por uma psicóloga e uma socióloga norte-americanas, Elaine Hatfield e Susan Sprecher. Elas explicam no artigo como integraram no teste elementos cognitivos, emocionais e comportamentais. A partir desses elementos, elas redigiram 165 frases das quais, finalmente, apenas trinta foram mantidas na PLS normal e quinze na PLS abreviada.

Examinemos esta última. Você se vê diante de quinze afirmações que vão de "Eu me sentiria desesperada se o Fulano me deixasse" a "Sinto que meu corpo reage quando o Fulano me toca", passando por "Quero que o Fulano me conheça: meus pensamentos, medos e esperanças". É preciso dar a cada uma dessas afirmações notas de um a nove, sendo que um significa "Nem um pouco verdadeiro" e nove "Totalmente verdadeiro". Some as notas. Se você obteve entre 106 e 135 pontos, está na parte mais extrema e mais quente da paixão, não consegue parar de pensar no Fulano e, se alguém enfiar agulhas enferrujadas embaixo de suas unhas, a simples visão de uma foto do Fulano acabará com toda a sensação de dor. Entre 86 e 105 pontos, ainda é um grande amor, só um pouco menos intenso. Quanto mais baixo o total, mais raros os arroubos passionais. Por fim, se você obteve menos de 45 pontos, o Fulano não tem mais poder de atração do que uma água-viva encalhada em uma praia. Você pode deixá-lo e ir se inscrever em um site de encontros. É a ciência que diz isso.

Fevereiro de 2011

D de...

Danos: estamos prontos para enfrentar um tsunami solar?

Do mesmo modo como existe uma temporada de furacões no Caribe e nos Estados Unidos, existe uma temporada de tempestades solares, associada ao ciclo de atividade de nossa estrela, que atinge seu máximo em um ciclo de onze anos. Trata-se de uma erupção mediana, associada a uma grande protuberância que termina por arrebentar como uma bolha de sabão e que lança uma parte de seu conteúdo no espaço.

Essa bolha, apesar de maior que o planeta gigante Júpiter, não é muito malvada. De qualquer modo, é menor do que a ejeção de massa coronal (EMC) registrada durante o mês de março de 2012, que enviou seu conteúdo de partículas eletricamente carregadas direto para a Terra. Frequentemente, o Sol ejeta, durante uma EMC, mais de um bilhão de toneladas de partículas, a uma velocidade de várias centenas, ou mesmo de vários milhares de quilô-

PIERRE BARTHÉLÉMY

metros por segundo. Felizmente, para nós, o campo magnético de nosso planeta nos protege e desvia uma grande parte desse plasma. Mas essa proteção não é completa. A magnetosfera não é estanque e, assim, as partículas podem penetrar e descer até a atmosfera, onde provocam auroras boreais e austrais. Durante o evento de março, a parte superior da atmosfera recebeu, desse modo, cerca de 26 bilhões de kilowatts-hora de energia, ou seja, o equivalente a 5% da eletricidade consumida na França em um ano inteiro! Uma grande parte dessa energia foi reenviada para o espaço e não houve nenhum dano a lamentar.

Não é esse o caso de todas as EMC. Em março de 1989, três dias depois de ter saído do Sol, uma enorme nuvem de partículas veio, como um soco desferido por um boxeador, atingir a magnetosfera terrestre. As auroras boreais foram vistas até no Texas. E, sobretudo, as correntes elétricas induzidas pela tempestade geomagnética fizeram cair, uns após os outros, os sistemas de segurança da rede elétrica do Quebec, deixando cerca de 6 milhões de pessoas sem energia durante nove horas nesse final de inverno canadense. A conta foi salgada: entre os reparos da rede elétrica, as proteções suplementares que lhe foram adicionadas e as perdas na economia local, a conta chegou a 2 bilhões de dólares. Em consequência desse incidente, as agências espaciais perderam temporariamente o contato com centenas de satélites.

Segundo os astrônomos, esse acontecimento de 1989 é fichinha em comparação com outra tempestade solar que ocorreu 130 anos antes. No início de setembro de 1859, auroras que não podem ser chamadas de boreais foram vistas nas Antilhas e até mesmo na Venezuela. Na época, não existiam redes elétricas e, portanto, não havia riscos associados a elas. Por outro lado, as correntes induzidas percorreram alegremente as linhas de telégrafo, fazendo jorrar centelhas dos postes e dando choques elétricos nos telegrafistas. As

CIÊNCIA DE A A X

consequências dessa EMC, em meados do século XIX, foram inteiramente limitadas. Se o mesmo fenômeno excepcional acontecesse hoje, as repercussões seriam claramente mais dramáticas. Em 150 anos, redes de todo tipo foram construídas. Um evento dessa intensidade não só derrubaria as redes elétricas durante várias semanas, ou mesmo vários meses, como também atacaria os oleodutos e os gasodutos, acelerando sua oxidação, provavelmente destruiria satélites e também inúmeros componentes eletrônicos de diversos aparelhos e cortaria temporariamente as comunicações por rádio e toda a geolocalização. Este último ponto não é negligenciável, pois, como observou Yves Eudes, no jornal *Le Monde*: "Os sistemas GPS desempenham atualmente um papel essencial em numerosos setores de atividade: os transportes terrestres, aéreos e marítimos, a gestão de contêineres, a direção de máquinas agrícolas, as comunicações eletrônicas e até mesmo os bancos, que usam os sinais de satélites como um relógio universal para datar as transações financeiras em centésimos de segundo". Um relatório norte-americano recente estima que, apenas para os Estados Unidos, um *tsunami* solar como esse poderia custar a bagatela de 2 trilhões de dólares, ou seja, o equivalente a vinte furacões Katrina. Além disso, seriam necessários de quatro a dez anos para que tudo voltasse a funcionar normalmente.

Por quê? Porque não estamos prontos, explica, em um comentário publicado na revista *Nature*, Mike Hapgood, que dirige a unidade de pesquisa sobre o ambiente espacial no Rutherford Appleton Laboratory, um grande laboratório de pesquisa britânico. Para esse pesquisador, nossa dependência da rede elétrica nos torna mais vulneráveis do que nunca, já que ela não está configurada para resistir a uma grande EMC: "Numerosos sistemas elétricos ameaçados foram concebidos para resistir a eventos como os que vimos durante os últimos quarenta anos: por exemplo, agora é exigido que os novos transformadores sejam capazes de resistir às condições suportadas em 1989. O terremoto e o *tsunami* japoneses do ano passado mostram para quais perigos é preciso se preparar para enfrentar somente os eventos semelhantes aos das últimas décadas. Em vez disso, devíamos nos preparar para uma tempestade espacial como só vemos uma vez a cada mil anos".

Da mesma maneira que, graças ao desenvolvimento da meteorologia, emitimos alertas de trovoadas, de tempestades, de furacões, de inundações ou de avalanches, é preciso investir na meteorologia espacial. Isso começa, explica Mike Hapgood, por conhecer melhor os riscos e os fenômenos. Por um lado, os dados de satélite sobre o estudo do Sol são cada vez mais numerosos, porém eles cobrem apenas o período recente. Os dados a respeito da ionosfera existem há oitenta anos e os dados sobre o campo magnético têm mais de 170 anos. O problema é que eles existem apenas no papel... Portanto, é preciso digitalizá-los, e Mike Hapgood imagina que seria possível, por meio da internet, repartir essa tarefa imensa entre numerosos voluntários, do mesmo modo que o projeto Solar Stormwatch (vigia de tempestades solares) pede aos internautas que analisem os filmes dos incidentes solares gravados pelos satélites, seguindo instruções simples. Outra tarefa, dessa vez inteiramente a cargo dos cientistas: criar um modelo melhor das EMC, para compreender como elas viajam no meio interplanetário e como injetam sua energia na atmosfera. Para Mike Hapgood, os modelos que existem são comparáveis aos que a climatologia tinha há cinquenta anos. Enfim, e isso é ao mesmo tempo o mais simples e o mais complicado (por ser o mais caro), é preciso reforçar a proteção das redes e de seus materiais. Tudo isso simplesmente porque nossa sociedade se tornou mais vulnerável ao se tornar dependente desses sistemas. Os pontos fracos deles são as nossas fraquezas.

Abril de 2012

Detox: o brócolis, arma inesperada contra radioatividade

Por trás do famoso "Coma os legumes!", existe, a partir de agora, bem mais que uma ordem dos pais ou uma recomendação da nutricionista. Depois de vários anos, os pesquisadores demonstraram que um regime rico em legumes crucíferos (couve, brócolis, couve-de-bruxelas etc.) está ligado a um risco menor de desenvolver diferentes tipos de câncer. Isso se deve a um componente presente nessas plantas, o indol-3-carbinol (I3C). Depois de ingerido, o I3C se transforma em outra molécula, cuja sigla é DIM (a impronunciável 3,3'-di-indol-metano). Graças a um mecanismo que ainda precisa ser determinado com precisão, a DIM evita a formação dos vasos sanguíneos que irrigam os tumores, impede a proliferação das células cancerosas e as leva à morte.

Essa ação anticancerígena já é admirável, mas a DIM hoje acrescenta uma corda inesperada a seu arco. Em um estudo publicado na revista *Proceedings of the National Academy of Sciences* (PNAS), uma equipe norte-americana e chinesa acaba de demonstrar que a molécula em questão confere aos ratos e às ratazanas uma importante proteção contra os efeitos mortais de uma forte radioatividade. Para investigar esse efeito, os autores dessa pesquisa expuseram os roedores a uma dose de treze grays que, em uma situação normal, os teria matado. Estima-se que um organismo humano não resista a uma dose superior a dez grays. Além disso, no contexto desse estudo, todos os ratos do grupo de controle – que foram irradiados, mas não receberam DIM – morreram no decorrer dos oito dias seguintes.

Isso não ocorreu com todos os ratos em que a molécula foi injetada. Na melhor configuração (dose elevada e primeira injeção dez minutos depois da irradiação), até 60% dos roedores ainda estavam vivos um mês depois da irradiação, mesmo tendo recebido uma dose considerada letal. Essa porcentagem de sobrevivência de trinta dias subiu para 80% para uma dose de nove grays (que matou 80% dos animais que não haviam recebido o tratamento) e para 100% para uma dose de cinco grays, que matou 25% dos ratos sem DIM. Os pesquisadores constataram que as doses mais fracas eram menos eficazes e que quanto mais próxima a primeira injeção estivesse da irradiação, maiores seriam as chances de sobrevivência dos ratos.

Restava determinar como a DIM agia para proteger os organismos que haviam sido expostos a doses de radiação normalmente mortais. Depois de ter realizado toda uma série de experiências com células em cultura, os pesquisadores revelaram um mecanismo duplo. Inicialmente, eles perceberam que a administração da DIM ativava a proteína chamada ATM, especializada na reparação do DNA, por exemplo, quando este foi rompido sob o efeito da radiação. O estudo adiciona uma nuance interessante ao demonstrar que essa ação de reparação não ocorre quando a célula em questão é cancerosa. É como se a DIM só protegesse as células sadias.

Porém, a molécula não se contenta em estimular a reparação do DNA; os autores do estudo também descobriram que a DIM chega a bloquear a morte celular induzida pela radiação. Sabemos, de fato, que uma exposição a raios ionizantes constitui uma agressão física que pode provocar uma apoptose, isto é, um tipo de suicídio celular. É um pouco como se a célula preferisse morrer em vez de lutar por sua sobrevivência. Os pesquisadores perceberam que a DIM desencadeava a produção de uma proteína que ativava os genes responsáveis por combater a apoptose. Por outro lado, esses dois mecanismos podem estar ligados, pois dizemos que a ruptura do DNA pode provocar a apoptose da célula que o contém.

É claro que uma grande parte do estudo foi feita com roedores e é difícil imaginar uma irradiação voluntária de seres humanos para testar a eficácia da DIM no *Homo sapiens*. Dito isso, a equipe norte-americana e chinesa destaca que trabalhos anteriores demonstraram que a DIM poderia ser administrada sem problemas aos seres humanos. Para esses pesquisadores, a molécula, por meio de seu mecanismo inédito de proteção à radiação, poderia perfeitamente atenuar as síndromes agudas ligadas a uma irradiação, no caso de um acidente radiológico, como no caso dos indivíduos superirradiados de Épinal[1], ou de uma catástrofe nuclear como Chernobil ou Fukushima.

Outubro de 2013

---

1 Entre 1987 e 2006, mais de cinco mil pacientes foram irradiados acidentalmente na cidade de Épinal (França). Eles receberam doses de 8% a 30% superiores à prescrita, o que resultou em sete mortes. [N.E.]

PIERRE BARTHÉLÉMY

Dicionário: palavras que agem sobre o seu corpo

É verdade que esta experiência não é recente, mas é sempre fascinante, especialmente para quem, como eu, escreve por profissão e vive de palavras. Ela demonstra a força delas; não só a força de persuasão, a capacidade de ferir ou de emocionar, mas uma força bruta que age sobre o corpo sem que percebamos. A experiência em questão está incluída em um longo estudo, publicado em 1996 pelo *Journal of Personality and Social Psychology*. Assinado por três pesquisadores da Universidade de Nova York, esse artigo queria mostrar que a ativação, por meio de palavras, de estereótipos arraigados em nosso cérebro, desencadeia inconscientemente comportamentos automáticos.

Como ocorre com muita frequência nos estudos de psicologia, a experiência ocultou o que visava testar para que as "cobaias" não desconfiassem de nada. Os sujeitos (trinta estudantes) foram convidados, no contexto de um falso exercício de vocabulário, a construir frases com as palavras fornecidas pelo experimentador. Um grupo de controle recebeu palavras neutras enquanto o grupo que realmente estava sendo testado trabalhou com palavras ligadas ao estereótipo norte-americano de pessoas idosas (por exemplo: velho, solitário, Flórida, bingo, grisalho, cortês, rígido, sábio, sentimental, aposentado etc.), ao mesmo tempo em que se evitavam cuidadosamente as palavras que evocavam a lentidão, por uma razão que veremos a seguir. Cada participante recebeu trinta conjuntos de cinco palavras e devia, para cada um deles, redigir uma frase gramaticalmente correta com quatro das cinco palavras fornecidas. Ao terminar, ele avisava o examinador, que lhe indicava o caminho para chegar ao elevador e deixar o edifício.

A "cobaia" pensava ter terminado a experiência, mas era aqui na verdade que começava a parte mais interessante da experiência... O participante pega suas coisas, sai da sala e percorre os 9,75 metros de corredor, sem imaginar que está sendo cronometrado. Quando chega ao elevador, o experimentador vai se encontrar com ele e lhe revela o segredo. O experimentador perguntava aos participantes se tinham percebido que as palavras recebidas correspondiam ao estereótipo da velhice e se acreditava que isso pudesse ter influenciado seu comportamento. A resposta foi não para as duas perguntas.

E, no entanto... Os membros do grupo de controle demoraram, em média, 7,30 segundos para percorrer o curto percurso de cerca de dez metros. Um percurso que levou, em média, um segundo a mais para o grupo de teste (8,28 segundos). Foi um acaso? Para ter certeza, os pesquisadores reproduziram a experiência com outros trinta estudantes. Os resultados foram surpreendentemente similares: 7,23 segundos para o grupo de controle, 8,20 segundos para as "cobaias". Para os autores do estudo, esses resultados sugerem que o comportamento físico dos indivíduos testados foi influenciado de modo inconsciente pela exposição a palavras ligadas a um estereótipo específico. Nesse caso, o estereótipo do idoso induziu à lentidão do andar. Os pesquisadores observaram: "A maneira que o estereótipo ativado influencia o comportamento depende do conteúdo do estereótipo específico e não das palavras que serviram de estímulo. Como não havia nenhuma alusão ao tempo nem à velocidade no material, os resultados do estudo sugerem que os estímulos iniciais ativaram o estereótipo em relação aos idosos contido na memória e que os participantes, a seguir, agiram em conformidade com esse estereótipo ativado". Ou seja, ter pensado inconscientemente na terceira idade fez com que os jovens assumissem o ritmo dos velhos. "As palavras", escreveu Victor Hugo, "são os transeuntes misteriosos da alma".

Junho de 2011

Dípteros: moscas ajudam a medir a biodiversidade

Cerca de um quarto das espécies de mamíferos estão ameaçadas atualmente e, em numerosos casos, principalmente no dos animais que vivem nas densas florestas tropicais, os dados sobre a biodiversidade são insuficientes ou mesmo inexistentes. Mas não pode haver uma ação de conservação pertinente sem uma medida precisa da diversidade e da distribuição das espécies e, nesse domínio, a tarefa é incrivelmente complexa e hercúlea, sem falar de seu

CiÊNCIA DE A A X

custo muitas vezes proibitivo... Os ecologistas, sem dúvida, às vezes sonham em ter auxiliares zelosos e alados, que possam explorar os espaços naturais sem se fatigar e que façam, gratuitamente ou quase, o levantamento dos seres que aí vivem.

Se acreditarmos em um estudo alemão publicado na revista *Molecular Ecology*, existem auxiliares como esses para avaliar a diversidade dos mamíferos: são as moscas verdes ou azuis, que gostam muito de excrementos animais e de carcaças e dependem em boa medida do ciclo de vida dos mamíferos. Como me explicou Sébastien Calvignac-Spencer, pesquisador francês que faz pós-doutorado no Institut Robert Koch de Berlim (o equivalente alemão do Inserm – Instituto Nacional de Saúde e de Pesquisa Médica da França) e primeiro autor desse estudo, "o princípio é muito simples: capturamos as moscas, as reduzimos a pó, as colocamos em uma solução e extraímos o seu DNA. É claro que haverá muito DNA de moscas, mas também haverá DNA de mamíferos que esses insetos ingeriram, seja das carcaças ou das fezes". Em seguida, é preciso comparar as sequências genéticas obtidas com as dos bancos de dados para saber quais espécies de mamíferos vivem nesses locais.

Usar essas fontes indiretas de DNA funciona muito bem no papel. Mas será que dá certo na realidade? O estudo buscou a resposta a essa pergunta. Os pesquisadores trabalharam em duas florestas tropicais, uma na Costa do Marfim e a outra em Madagascar. Se foi simples capturar as moscas (a receita de Sébastien Calvignac- -Spencer consiste em colocar um pedaço de peito de frango em um prato recoberto com um tecido e esperar que o odor atraia os dípteros), a segunda parte do trabalho foi mais delicada: "Ficamos limitados na qualidade de nossa identificação no caso de algumas sequências, simplesmente porque os bancos de dados têm lacunas, o que acontece com grande frequência no caso dos animais de zonas tropicais", explicou o pesquisador francês. "Na Costa do Marfim, por exemplo, foi impossível identificar com precisão algumas espécies de roedores. O sequenciamento das espécies locais é, portanto, sempre útil, nem que seja apenas para completar os bancos de dados."

O estudo mostrou que essa técnica de medida da biodiversidade era confiável e sensível a espécies pouco representadas. Na Costa do Marfim, a equipe detectou assim a presença do *Cephalophus jentinki*, uma espécie de pequeno antílope em perigo de extinção, cuja população total é estimada em 3.500 indivíduos. No momento, o montante que se pode economizar com esse método ainda não foi estimado, mas, destaca Sébastien Calvignac-Spencer, "mesmo que não possamos dizer se é cinco ou dez vezes menos caro, temos certeza de que é significativo. Os métodos tradicionais de avaliação da biodiversidade têm um custo enorme: são precisos meses, ou mesmo anos, para formar as pessoas que possam identificar as espécies e também meses ou anos para efetuar os levantamentos de campo. E durante todo esse tempo, é preciso pagar os salários, é claro. Fizemos uma experiência de grande envergadura em vários países da África subsaariana e precisamos de apenas meio período para ensinar as pessoas a montar as armadilhas para moscas e preservar corretamente as amostras". O resto dos trabalhos, isto é, toda a parte da biologia molecular, não exige muita manutenção e, graças à queda constante do custo do sequenciamento genético, não é preciso desembolsar fortunas para obter resultados.

"Especialistas em biodiversidade já nos disseram que nosso método lhes interessa muito", acrescenta Sébastien Calvignac--Spencer. "Dito isso, não é preciso deixar de lado as abordagens convencionais. Pessoalmente, penso que, em biologia, não é porque temos um instrumento novo que isso desacredita os instrumentos precedentes. Além disso, podemos imaginar que, em determinadas circunstâncias, nosso instrumento tenha um desempenho pior, por exemplo, se quisermos fazer estimativas da biodiversidade em nossas regiões durante o inverno, simplesmente porque não se encontram moscas quando faz frio..." Porém, podemos imaginar que algumas campanhas tradicionais de avaliação da biodiversidade poderiam ser evitadas e que o dinheiro assim economizado poderia ser reinvestido nas ações de conservação.

Não é a primeira vez que os pesquisadores propõem abordar a medida da biodiversidade de modo indireto. Em abril de 2012, um artigo publicado no jornal *Current Biology* demonstrou que as sanguessugas terrestres, presentes em algumas florestas tropicais, também permitiam que se tivesse uma boa ideia da diversidade dos mamíferos locais. Portanto, a revolução do DNA também está em andamento no domínio da biodiversidade... Dito isso, a técnica apresentada no artigo do jornal *Molecular Ecology* poderia encontrar outras aplicações, em especial o acompanhamento da mortalidade de algumas espécies durante as epizootias. Sébastien

Calvignac-Spencer, que trabalha em uma equipe especializada no estudo das doenças que atingem os grandes macacos, lembrou-se assim das mortes que o vírus Ebola causou entre os gorilas da África Central, em 2002-2003: "Cerca de 5 mil gorilas morreram, ou seja, 95% da população local. Mas, na floresta, encontramos apenas cerca de quarenta cadáveres. Se, na época, tivéssemos trabalhado com o DNA presente no ventre das moscas, talvez tivéssemos sabido mais cedo que muitos gorilas estavam morrendo".

Janeiro de 2013

E de...

Ecologia: clima: será que podemos voltar atrás?

É um estudo paradoxal, que se apoia sobre um realismo frio, mas também sobre uma bela utopia. É realista porque seu autor, Andrew MacDougall (Universidade de Victoria, Canadá), parte do princípio de que as autoridades políticas atuais não farão nada ou não farão grande coisa para conter de maneira significativa as emissões globais dos gases do efeito estufa e lutar contra o aquecimento climático. Utópico porque esse artigo, publicado no jornal *Geophysical Research Letters,* imagina uma vontade futura por parte da humanidade de agir para restaurar os níveis de temperatura e de CO_2 atmosférico ao ponto em que estavam antes da revolução industrial e do consumo em grande escala de energias fósseis. Para resumir, esse estudo pergunta se, no domínio do clima, temos a possibilidade de inverter o curso do tempo, de voltar atrás, de alterar a direção, e a resposta a essa pergunta diz muito sobre a experiência involuntária que fizemos nosso planeta suportar.

Andrew MacDougall parte de uma constatação simples: em um futuro mais ou menos próximo, nossas emissões de dióxido de carbono atingirão o ponto máximo, ou porque nós assim decidimos, ou porque tudo já estará queimado. Nas quatro hipóteses que investigou, derivadas das hipóteses examinadas pelo Grupo Internacional de Especialistas sobre a Evolução do Clima (GIEC), o pesquisador canadense, especializado nas interações entre o ciclo do carbono e o aquecimento climático, utilizou as seguintes datas para esse pico de CO_2: 2053, 2130, 2151 e 2251. Se não fizermos nada de específico, serão necessários muitos milênios para que a Terra retome as características climáticas que conheceu depois do fim do último período glacial (e isso com a condição de que a máquina não dispare...). Um estudo norte-americano e canadense publicado em 2009 demonstrou que diversas anomalias de temperatura e de CO_2, provocadas pelo aquecimento global, persistirão ainda daqui a 10 mil anos! Andrew MacDougall imagina, portanto, que nossos descendentes, com a esperança de recuperar o clima do holoceno, explorarão diferentes tecnologias para retirar o carbono que "injetamos na atmosfera e que eles replantarão as florestas que nós destruímos".

Foi com essa hipótese em mente que ele ativou o modelo climático da Universidade de Victoria, um modelo relativamente simples, que permite a projeção a um prazo muito longo. E é preciso um prazo longo para ver a curva das temperaturas descer novamente a um nível próximo daquele do início do século XIX. Na hipótese mais otimista, seria preciso esperar até o ano 3000. Mil anos. E ainda assim, esses mil anos não serão suficientes para que a calota glacial da Groenlândia, que é a mais fragilizada pelo aquecimento climático, se reconstitua. Na verdade, ainda estaremos muito longe disso, pois, no melhor dos casos, em 3000, ela não terá recuperado mais do que 10% do que perdeu. Nessa hipótese otimista, a fonte dos glaciares da Groenlândia acrescentará apenas uma modesta contribuição ao aumento do nível dos oceanos: 26 centímetros. Por outro lado, na hipótese mais pessimista, esse número será multiplicado por dez. Andrew MacDougall afirma que, mesmo que o modelo utilizado seja muito prudente, os fenômenos de amplificação podem resultar em uma fusão de gelo da Groenlândia ainda mais importante.

Segunda revelação desse estudo: para retornar ao holoceno, será preciso retirar da atmosfera mais carbono do que o que emitimos! Por quê? Simplesmente porque a alta das temperaturas, ao derreter o *permafrost* das regiões árticas, já libera hoje e liberará ainda mais amanhã uma parte do carbono que estava preso nele.

Do mesmo modo como alguém que pede um empréstimo paga o capital e os juros a quem lhe fez o empréstimo, a humanidade será obrigada, segundo as diferentes hipóteses, a sequestrar de 115% a 181% do CO_2 emitido. Serão necessários cerca de três milênios para que o carbono originalmente preso no permafrost volte para lá.

Na hipótese mais otimista, privilegiada pelo estudo, o pico de CO_2 ocorrerá em 2130. As temperaturas atingirão o máximo vinte anos depois, ultrapassando em 2,8 °C os níveis pré-industriais. Os oceanos subirão até meados do século XXIII e voltarão ao pH normal por volta de 2280. A banquisa do Ártico retomará sua antiga superfície por volta de 2450. Mas o número mais importante do estudo está em outro local. No ponto máximo desse esforço hipotético da humanidade para se livrar do CO_2, 9,7 bilhões de toneladas de carbono serão retiradas da atmosfera a cada ano, ou seja, aproximadamente a quantidade que emitimos hoje a cada ano. Isso faz com que Andrew MacDougall diga que, em seu mundo utópico, a indústria de sequestro do carbono terá um tamanho equivalente ao da indústria de energias fósseis atualmente. Mas do mesmo modo que compreendemos bem o que motiva aqueles que exploram petróleo, gás natural, carvão e outros gases de xisto, também os descarbonizadores do futuro deverão inventar seu modelo econômico...

Outubro de 2013

Escravidão: como uma árvore escraviza as formigas

O mutualismo não tem a ver apenas com bancos e seguradoras. Na biologia, esse termo designa uma associação equilibrada entre dois parceiros que se beneficiam dela. É um acordo

CIÊNCIA DE A A X

ganha-ganha, para usar uma expressão atual. Um dos casos mais citados é o da micorriza, uma simbiose entre as raízes das plantas e o micélio dos cogumelos, isto é, sua rede de filamentos subterrâneos: o cogumelo funciona como se fosse uma extensão das raízes da planta e lhe fornece água ou elementos como o fósforo, enquanto, em contrapartida, sua parceira o alimenta com açúcares, por exemplo. Pode ocorrer também que o mutualismo associe um vegetal e um animal, como no caso instrutivo da acácia e das formigas.

A acácia precisa de defensores contra os herbívoros que não se assustam com seus espinhos e contra as plantas que se enraizam perto demais dela. Defensor, esse é o papel que as formigas aceitaram em troca de casa e comida. A comida é constituída pelo néctar açucarado e por minúsculas nodosidades ricas em proteínas e em lipídios, enquanto a casa é construída pelos espinhos ocos em que os insetos instalam suas colônias. De sua parte, as formigas atacam impiedosamente os herbívoros que querem se alimentar da planta e têm tamanha eficácia que, na África, até mesmo os elefantes se afastam de uma espécie de acácia, de tanto que temem as picadas das formigas que a protegem!

O caso de uma acácia da América Central, a *Acacia cornigera*, parece ainda mais refinado. Sua hóspede, a formiga *Pseudomyrmex ferrugineus*, é na verdade afetada por uma pequena carência digestiva. Quando adulta, ela praticamente não secreta uma enzima, a invertase, que quebra a molécula da sacarose (a que compõe o açúcar comercializado) em duas moléculas menores, uma de glicose e uma de frutose, que são facilmente assimiladas pelo organismo. Em outras palavras, essa formiga não consegue digerir o açúcar branco. Pois bem, a planta se oferece gentilmente para sintetizar a invertase e produz seu néctar apenas com frutose e glicose, que os insetos inquilinos defensores podem comer sem problema.

Magnífico? Não é tão simples. Uma equipe de pesquisadores alemães e mexicanos ficou intrigada com o fato de a evolução ter levado essa formiga a "perder" a invertase, quando ela teria acesso, caso se associasse às plantas vizinhas, ao mel ou à seiva açucarada. Por que se privar dessa fonte fácil de açúcares? Suas suspeitas foram despertadas quando eles perceberam que as larvas das formigas produziam normalmente a invertase, e eles formularam a seguinte questão: e se a acácia não fosse tão gentil como parecia à primeira vista? E se ela manipulasse o metabolismo da formiga adulta para impedi-la de sintetizar a enzima e mantê-la prisioneira?

Em seu estudo apaixonante publicado no *Ecology Letters,* esses pesquisadores não só confirmaram que as larvas secretam invertase muito bem, mas também que os insetos que deixam esse estado larvar podiam, se recebessem como primeira refeição de adulto um xarope de sacarose, digeri-lo sem nenhum problema. Por outro lado, se o néctar da acácia estivesse no cardápio da primeira refeição, a formiga recusaria em seguida a água açucarada, como se estivesse "viciada" no néctar. A realidade é diabólica: esse famoso néctar contém outra enzima, a quitinase, que, por meio de um mecanismo ainda desconhecido, inibe a fabricação da invertase na formiga e assim a torna intolerante à sacarose.

O artigo do *Ecology Letters* esclarece: "Uma vez que a jovem operária se alimentou com o néctar, sua taxa de invertase diminui e ela começa a selecionar uma alimentação sem sacarose e, consequentemente, continua a se alimentar com esse néctar sem sacarose, o que reforça a inibição da invertase". Em resumo, quando o mecanismo entra em ação, nada o interrompe. E, destacam os pesquisadores, como existem todas as probabilidades de que, em sua primeira refeição de adulta, a formiga "se alimente de néctar ou o receba de seus companheiros de ninho por meio da nutrição social", a acácia mantém os insetos sob sua influência. As formigas são como que reduzidas à escravidão, obrigadas a permanecer na árvore sob pena de morrer de fome. Da mesma maneira, elas têm um interesse duplo em defender a planta, pois a morte desta significaria a sua morte. A simbiose existe, é verdade, mas é forçada.

Como explicou na *National Géographie,* Martin Heil, o primeiro autor desse estudo, "fiquei surpreso ao constatar que a planta imóvel, 'passiva', podia manipular sua parceira, a formiga, que, na aparência, era bem mais ativa". O pesquisador alemão acrescenta que essa descoberta poderia mudar o modo que os biólogos veem o fenômeno do mutualismo: "A manipulação do parceiro poderia desempenhar um papel em vários tipos diferentes de mutualismos". De fato, é preciso pouco para desequilibrar a balança e passar de uma associação ganha-ganha a uma exploração pura e simples...

Novembro de 2013

Especialistas em contas: os espermatozoides sabem calcular

Se existem, na natureza, verdadeiros mísseis de busca, esses são os espermatozoides. Objetivo: o óvulo. Muitos são os chamados, apenas um o escolhido ou, talvez, nenhum. No ser humano, o caminho está inteiramente traçado e se parece com um percurso de combate. As células masculinas da reprodução devem enfrentar o meio ácido da vagina, o labirinto mortal do colo do útero, os glóbulos brancos da senhora, não podem se perder no caminho nem gastar energia demais, devem chegar na hora certa à tuba uterina e, especialmente, ter sorte. Uma espécie bem diferente, como o ouriço-do-mar, que serve de modelo para o estudo da embriogênese e dos espermatozoides há um século, tem uma rota menos balizada, pois esses animais soltam seus gametas na água do mar. Tudo ao sabor da sorte? Não completamente.

Nos dois casos, tanto no ser humano como no equinoderma, os espermatozoides nadam em direção a seu objetivo agitando seu flagelo, um tipo de cauda que ondeia. Os gametas masculinos seguem assim, muitas vezes, uma trajetória mais ou menos helicoidal. Na realidade, o flagelo não serve apenas como propulsor; ele também funciona como uma antena que detecta os sinais químicos emitidos pelo óvulo, que, desse modo, assinala sua presença.

Esses sinais, que se ligam a receptores situados na superfície do flagelo, provocam uma cascata de reações bioquímicas que provocam um pico de íons de cálcio no flagelo e o aumento de movimentos desses minipares. Toda a questão se resume em saber como o espermatozoide é informado sobre a *direção* a tomar. Por muito tempo, os biólogos pensaram que o gameta se deslocava em linha reta enquanto a taxa de cálcio fosse fraca e começava a rodopiar, um excelente modo de "esquadrinhar o terreno" e cair sobre o óvulo, quando a taxa se elevasse. Mas as observações contradisseram essa teoria: o espermatozoide também podia rodopiar no primeiro caso e se mover em linha reta no segundo...

Uma equipe internacional acaba de resolver grande parte do mistério e relatou seus achados em um estudo publicado pelo *The Journal of Cell Biology*. Para isso, eles recorreram a uma artimanha, mergulhando os espermatozoides de *Arbacia punctulata* em um meio em que haviam colocado os famosos sinais químicos de modo sutil: as moléculas não tinham acesso livre, mas estavam encapsuladas em gaiolas que só se dissolviam sob a ação da luz. Lançando *flashes* de luz no dispositivo, os pesquisadores podiam liberar essas substâncias conforme sua vontade e, depois, seguir o comportamento e o trajeto dos espermatozoides em função da maior ou menor concentração de sinais no ambiente, ao mesmo tempo que mediam, por meio de um marcador fluorescente, a taxa de cálcio nos flagelos.

Essa equipe teve a surpresa de perceber que não era efetivamente a concentração de cálcio que fazia o espermatozoide entrar em modo "eu rodopio porque sinto que o óvulo não está longe", mas sim as taxas de mudança de concentração que faziam com que se orientasse para a direção correta. Isso parece simples, mas significa algo surpreendente: os gametas masculinos são capazes de calcular derivadas (algo que os jovens franceses só fazem no ensino médio) em um tempo extremamente curto, pois as reações dos espermatozoides são da ordem de um segundo ou menos. É a partir dos resultados desse cálculo que eles mudam ou não sua trajetória. Esse achado foi confirmado em outras duas espécies de ouriços e na *Ciona intestinalis*, outro animal marinho.

Como tantas vezes na ciência, a resposta a uma pergunta provoca outras questões: por meio de qual mecanismo os flagelos fazem esse cálculo? Os autores do estudo formularam a hipótese de que os íons de cálcio, que servem de mensageiros da informação no flagelo, são detectados a velocidades diferentes por duas proteínas, uma rápida e outra mais lenta. Entre as duas detecções, o espermatozoide faz seu caminho e é comparando as taxas de cálcio em suas duas captoras que ele "sabe" se está indo na direção certa ou se precisa mudar seu rumo. Os pesquisadores se perguntam, além disso, se esse fenômeno também ocorre nos espermatozoides de mamíferos. A mesma questão pode ser feita em relação aos micronadadores dotados de flagelos ou de cílios vibráteis, como algumas algas verdes, espécies de zooplâncton ou ainda os paramécios. Um dos autores do estudo, Luis Alvarez, que trabalha no Center of Advanced European Studies and Research (Caesar – Centro de Estudos e Pesquisas Avançados Europeus), também observou que, de modo mais geral, "os cílios se encontram em toda parte, em especial no corpo humano: eles limpam nossas vias respiratórias, eles diferenciam os lados esquerdo e direito de nosso corpo durante a embriogênese, o que ajuda, por exemplo, nosso coração a estar no lugar certo. Os cílios impulsionam também o óvulo nas tubas uterinas e têm inúmeras outras funções. Posso perfeitamente imaginar que esse tipo de cálculo, em resposta a estímulos, também esteja presente em alguns desses cílios".

Março de 2012

Expectativa: você quer saber quando vai morrer?

Quanto tempo? Subentendido, quanto tempo me resta de vida? Essa é a pergunta que fazem todos os condenados à morte, tanto aqueles que ouviram o veredito de um tribunal como os que o ouviram dito por um médico, por exemplo, no caso de um câncer incurável. Por outro lado, tendemos a evitar essa pergunta fatídica enquanto nos sentimos com boa saúde, sem nenhum sinal de doença grave no horizonte, pois ela nos relembra nossa condição de mortais. Simplesmente, ocorre às vezes que esses sinais estejam

PIERRE BARTHÉLÉMY

situados *abaixo* do horizonte, fora de nosso campo de visão. Detectar os traços subjacentes de um desarranjo fisiológico – esse é o papel (um pouco assustador, reconheçamos) dos biomarcadores. Eles constituem os sinais precursores de uma patologia ou do risco de que ela ocorra. Mas, até hoje, ninguém pôde prever o risco de morrer a curto ou médio prazo. Ninguém volta de um exame de sangue sabendo qual é sua probabilidade de encontrar a morte nos cinco próximos anos...

No entanto, se acreditarmos em um estudo publicado na revista *PLoS Medicine,* isso bem que é possível. Tudo começou com o desejo de uma equipe estoniana de explorar a técnica da espectroscopia por ressonância magnética nuclear (RMN) a fim de medir de uma única vez a concentração de cerca de cem biomarcadores no sangue, em vez de usar uma bateria de testes diferentes. Esses pesquisadores exploraram para isso as amostras retiradas anteriormente de um extenso grupo de 9.842 indivíduos de 18 a 103 anos. Essas pessoas tinham sido recrutadas entre 2002 e 2011, e seu acompanhamento durava, assim, vários anos. E sabia-se quem havia morrido depois disso e quem ainda estava vivo.

Depois de analisar os resultados, esses biólogos perceberam um resultado surpreendente: um coquetel de apenas quatro biomarcadores (dentre os 106 testados) previa muito bem o risco de terminar ou não em um caixão no decorrer dos cinco anos seguintes. Graças a eles, era possível compor um tipo de teste da morte, um indicador das chances de sobrevida a curto ou médio prazos. Os indivíduos situados na zona vermelha desse indicador tinham um risco dezenove vezes maior de falecer nos anos seguintes do que as pessoas classificadas na zona menos perigosa. Os biomarcadores em questão eram os seguintes: albumina, orosomucoide, lipoproteínas de baixa densidade (que transportam o colesterol) e ácido cítrico, que desempenha um papel central na síntese da ATP, o combustível das células.

Achando que o resultado era simples demais e claro demais para ser verdadeiro, os pesquisadores estonianos pediram uma confirmação independente de colegas finlandeses, que dispunham de um grupo análogo ao usado no estudo. Como explicou ao *Telegraph,* o finlandês Markus Perola (Universidade de Helsinki) não acreditava ser possível reproduzir os resultados de seus colegas e ficou estupefato quando isso aconteceu. Com uma base de 7.503 pessoas testadas, encontraram o mesmo coquetel preditivo de quatro biomarcadores (que talvez venham a ser chamados de "necromarcadores")... "É um resultado muito extraordinário", reconhece Markus Perola. "No início, não acreditávamos realmente nisso. Foi surpreendente que esses biomarcadores pudessem realmente prever a mortalidade, independentemente de qualquer doença. Tratava-se de indivíduos aparentemente com boa saúde, mas para nossa surpresa, esses biomarcadores mostram uma fragilidade não detectada que essas pessoas ignoravam ter."

O resultado mais desestabilizante desse estudo é exatamente este: perceber uma "fragilidade" subjacente, ter previsto um risco grave para a saúde em pessoas "aparentemente com boa saúde", que não apresentavam o menor sintoma de uma doença qualquer. Sentir de algum modo que seu organismo, seu metabolismo, está a ponto de se estragar completamente, de falhar. Não ter isolado um risco específico de desenvolver uma patologia precisa (doença cardiovascular, câncer ou outra), mas um risco global em relação à sua saúde.

Não se deve esperar, evidentemente, que o médico lhe peça amanhã para fazer esse "teste da morte". São necessárias outras confirmações, especialmente porque os grupos estudados são muito similares: duas populações do norte da Europa, que vivem em um ambiente muito semelhante e têm o mesmo estilo de vida. Portanto, é necessário ver se o resultado é válido para outras etnias, com outros hábitos alimentares e que vivem em outros ambientes. É preciso também compreender o que é recuperado por esse indicador e por quais mecanismos ele conecta doenças muito diferentes. Entretanto, o estudo coloca uma questão interessante: a utilização de um teste como esse para fins de pesquisa permitirá detectar as pessoas cujo organismo corre o risco de entrar em falência. Mas, o que fazer depois disso, se não soubermos identificar exatamente o que vai falhar? Como disse muito simplesmente Markus Perola, "existe uma questão ética. Será que as pessoas desejariam saber o risco que têm de morrer se não houver nada que se possa fazer?".

Março de 2014

F de...

Faxineiros: os abutres trabalham para a polícia científica

Em setembro de 2000, fiz uma reportagem nos Estados Unidos da qual me lembrarei por toda a vida: uma visita guiada na Anthropology Research Facility (ARF – Centro de Pesquisa Antropológica) da Universidade de Knoxville, no Tennessee. O subtítulo é mais revelador: "a fazenda de corpos". Um lugar em que os pesquisadores estudam os menores detalhes da decomposição do corpo humano. Não com finalidades mórbidas nem para satisfazer a uma curiosidade equivocada, mas para auxiliar policiais e médicos legistas a compreender o que aconteceu com os cadáveres com que se ocupam.

William Bass, o fundador da ARF, começou sua carreira de antropólogo especializado na perícia médica do Kansas, onde os corpos encontrados na natureza eram essencialmente esqueletos. Ao se mudar para o Tennessee, em 1971, ele começou a receber corpos que ainda tinham carne, que fervilhavam com vermes. "O Kansas é duas vezes maior e duas vezes menos povoado do que o Tennessee", explicou ele. "Se você for assassinado no Kansas e o assassino esconder o seu corpo, o mais provável é que você não seja encontrado antes de se passarem anos, mas se isso acontecer no Tennessee, a probabilidade de que você seja descoberto antes, no estado de decomposição, é bastante alta. Pesquisei a literatura científica para saber como determinar a data da morte a partir desses restos, pois isso é algo que a polícia sempre pergunta, mas não havia nada. Portanto, eu me dirigi à Universidade de Knoxville e lhes disse: 'Preciso de um terreno em que possa enterrar corpos.'" Muito pragmático. Foi assim que nasceu, há quarenta anos, a fazenda de corpos, onde foram realizadas numerosas pesquisas a respeito dos cadáveres, de seus fluidos, de seus odores e também sobre os insetos que aí vêm se alimentar. Sempre tendo em mente o objetivo inicial: reconstituir a sequência pela qual o corpo passou, calcular o mais precisamente possível o intervalo que separa a morte da descoberta do cadáver, de modo a determinar a data da morte e também fazer uma triagem entre os suspeitos quando houve um assassinato.

O exercício, por si mesmo, já é bastante complicado, considerando-se o número de variáveis com que se tem de lidar. Tudo se complica quando os carniceiros passaram por lá: torna-se particularmente difícil compreender a sequência de acontecimentos *post mortem* quando animais devoraram a carne ou até mesmo desmembraram o cadáver. Se a literatura científica inclui alguns trabalhos sobre os necrófagos, que podem ser ratos e canídeos, nada ou quase nada existe sobre a ação dos pássaros sobre um corpo humano e, em particular, dos abutres, presentes em todo o território norte-americano. E, como me explicou Kate Spradley, antropóloga da Universidade do Texas, os abutres são muito numerosos nesse estado. Mas os estudos que analisam a ação dessas

CIÊNCIA DE A A X

aves sobre cadáveres de porcos têm limites. Mesmo que o porco seja considerado, em termos gerais, como um bom análogo para o homem no plano biológico, o tamanho do animal, a estrutura de seu esqueleto e a distribuição das massas são diferentes, o que influencia a velocidade de decomposição e também a maneira que os necrófagos vão "limpá-lo".

Kate Spradley e seus dois colegas adotaram, assim, um ponto de vista tão pragmático quanto o de William Bass: os três decidiram dar início a um programa de estudos a respeito da maneira que os abutres atacam um cadáver humano e estabelecer em que proporção essas aves modificam a famosa "sequência de corpos" estabelecida pela ARF, em que Patricia Cornwell se inspirou para escrever seu livro *The body farm* (*Lavoura de corpos*). A ideia consiste também em estabelecer todos os "traumatismos" que esses animais causam no corpo e, em especial, os traços que eles deixam no esqueleto, que poderiam ser confundidos, em caso de assassinato, com as marcas feitas pelo assassino. Um primeiro estudo foi realizado em 2010, na fazenda de corpos que a Universidade do Texas abriu em 2008, em um terreno de dez hectares, igual à existente no Tennessee. A experiência foi descrita na revista *Forensic Science International*.

Em novembro de 2009, os pesquisadores depositaram nesse terreno o cadáver "fresco" (não decomposto nem autopsiado) de uma mulher que havia legado seu corpo para a ciência. O dispositivo do estudo incluía uma câmera com sensor de movimento para filmar as intervenções de animais e um rastreamento com GPS de alguns pontos do corpo (orelha, extremidade inferior do esterno, punhos e tornozelos) a fim de ter uma ideia dos diferentes movimentos infligidos ao corpo, que corria o risco de ser arrastado para fora do campo de visão da câmera. Os primeiros abutres apareceram depois de alguns dias para atacar os olhos. Em seguida, nada aconteceu durante várias semanas, e a decomposição do cadáver ocorria lentamente em razão das temperaturas baixas de final do outono e início do inverno. Depois, em 26 de dezembro de 2009, cerca de trinta abutres chegaram e devoraram o corpo, reduzindo-o ao estado de esqueleto em apenas cinco horas. Foi uma duração incrivelmente curta para os pesquisadores, que esperavam que o processo demorasse um dia inteiro.

As aves voltaram ao local durante as quinze semanas seguintes, atacando as diversas partes do corpo que foram, no final, dispersas sobre mais de oitenta metros quadrados. Para Kate Spradley, o fato de os abutres serem capazes de transformar um cadáver em esqueleto em tão pouco tempo demonstra que "não se podem usar os métodos clássicos para estimar o tempo que se passou depois da morte, pois eles superestimam esse período de modo significativo. É preciso agora compreender quais fatores desempenham um papel-chave na 'esqueletificação', de modo a poder auxiliar as forças da ordem". Mesmo que a experiência possa parecer chocante, nunca devemos perder de vista o objetivo dessas pesquisas: os trabalhos realizados por William Bass permitiram resolver numerosos casos criminais e os métodos de análise que os antropólogos de sua área criaram foram úteis também durante as investigações das valas comuns descobertas na ex-Iugoslávia.

Janeiro de 2012

Fertilidade: será que a Coca mata o esperma?

Foi em 1886 que John Pemberton, um farmacêutico de Atlanta, inventou a Coca-Cola. Vendido na época em farmácias, supunha-se que o refrigerante tivesse as virtudes benéficas das bebidas gasosas, e seu criador disse que curava a dependência da morfina

CIÊNCIA DE A A X

(da qual o próprio Pemberton sofria), a neurastenia, as dores de cabeça e a impotência. Dois de seus componentes originais eram as folhas de coca (que continham cocaína) e as nozes-de-cola (que continham cafeína) e provocavam também efeitos estimulantes sobre o cérebro.

A empresa de Atlanta teve também de sustentar uma maratona jurídica há um século, depois de ser processada pelo diretor da divisão de química do departamento de agricultura. Este último, Harvey Washington Wiley, fazia uma cruzada contra a cafeína, que acusava de ser um veneno e uma droga. Depois de cinco anos de processos, o caso terminou diante da Corte Suprema dos Estados Unidos, que considerou a Coca-Cola culpada, exigiu que a empresa pagasse as custas da justiça e reduzisse a taxa de cafeína de seu refrigerante. No entanto, o fabricante das bebidas havia contratado os serviços de pesquisadores para mostrar que seu produto principal não era perigoso. Décadas depois, foi comercializada uma versão sem cafeína.

Vemos, nesse resumo histórico, que a reputação "sanitária" da bebida mais conhecida do mundo sempre oscilou entre "tônico" e "veneno". O que ninguém teria imaginado é que algumas mulheres a utilizaram como espermicida pós-coito. Como Deborah Anderson, professora de ginecologia e obstetrícia e microbiologia em Boston, relatou em 2008 no *British Medical Journal*, esse uso pouco convencional da bebida aconteceu particularmente nos anos 1950 e 1960 por falta de meios contraceptivos e, em especial, antes da autorização para a venda da pílula. Dito isso, a autora sublinha que esse uso perdura. Mesmo que o produto tenha alguns aspectos práticos (é só agitar a garrafa e inseri-la, que o líquido gasoso fará o resto), não se aconselha realmente que se faça uma ducha vaginal com Coca-Cola.

83

Inicialmente, o refrigerante ataca as células do órgão feminino de copulação e faz com que elas percam parte de sua impermeabilidade, tornando a vagina mais sensível ao vírus da AIDS. Em seguida, o açúcar contido na bebida pode favorecer as infecções fúngicas ou bacterianas e ter efeitos negativos sobre o lactobacilo, um elemento importante da flora vaginal (esse não é um bom motivo para trocar a Coca-Cola clássica pela *light*). Enfim, e sem dúvida mais importante, os efeitos espermicidas da Coca-Cola não foram realmente comprovados. Um primeiro estudo, realizado em 1985 pela equipe da qual participou Deborah Anderson, mostrou *in vitro* que, com uma relação de cinco volumes de refrigerante para um volume de esperma, os espermatozoides foram imobilizados em um minuto. Um segundo estudo, realizado dois anos depois em Taiwan, também *in vitro*, revelou uma eficácia bem menor.

De qualquer modo, mesmo que as qualidades espermicidas da Coca-Cola fossem comprovadas, considerando que os espermatozoides percorrem até três milímetros por minuto, não há dúvida de que a ducha vaginal depois da relação sexual não poderia acabar com todos os pretendentes ao óvulo e que alguns já estariam abrigados no colo do útero (onde outros perigos os aguardam). Uma maneira de remediar isso seria usar a charmosa garrafinha antes da relação. Mas, como observou Deborah Anderson, com um toque de humor, ocorre que isso seria um pouco desagradável para o senhor, "como pode confirmar qualquer pessoa que tenha tentado ter relações sexuais em uma piscina ou no mar, pois o excesso de fluido líquido na vagina pode afetar a lubrificação de modo negativo". De minha parte, acho que essa explicação não tem referências científicas, mas estou disposto a acreditar na palavra de uma mulher. Conclusão: mesmo que, como demonstrou o filme de Botswana *Os deuses devem estar loucos*, possamos fazer muitas coisas com uma garrafa de "Coke",

CIÊNCIA DE A A X

quando se trata de anticoncepção, é melhor deixar a Coca-Cola na garrafa e a garrafa na geladeira.

Abril de 2011

Fosforescente: os irradiados de New Jersey

Enquanto neste 28 de março, dia de aniversário do acidente nuclear da usina norte-americana de Three Mile Island, o mundo tem os olhos voltados para os reatores que falham em Fukushima, no Japão, talvez seja preciso lembrar que, antes de o átomo se tornar militar ou civil, ele já matou em série nos Estados Unidos. É a história um pouco esquecida das "Radium Girls" (garotas do rádio). A jornalista norte-americana Deborah Blum acaba de ressuscitá-la com um comentário em seu *blog* e, para contá-la, é preciso voltar às fontes da radioatividade, isto é, a Pierre e Marie Curie. O casal de cientistas descobriu o rádio, metal altamente radioativo, em 1898 e, quatro anos mais tarde, deu ao inventor norte-americano William J. Hammer amostras de sais de rádio. Ao misturar o elemento radioativo (e, portanto, produtor de energia) com sulfeto de zinco, Hammer criou uma tinta fosforescente, pois o sulfeto de zinco tem a propriedade de irradiar sob forma de luz a energia que o rádio lhe confere.

Foi apenas alguns anos depois, por volta da Primeira Guerra Mundial, que tomamos plena consciência do interesse disso. Nas trincheiras da França, os "rapazes" perceberam que seus bons e velhos relógios eram tudo, menos práticos. Mesmo com os relógios presos ao pulso, os soldados tinham dificuldade de ver as horas quando a noite caía e as luzes eram proibidas. Daí veio a ideia de recobrir os ponteiros e mostradores com essa tinta fosforescente. Esse contrato com o exército fez prosperar a empresa Radium

Luminous Material Corporation, em seguida renomeada como U.S. Radium Corporation. Tanto que, com o fim da guerra, houve uma verdadeira paixão, dessa vez entre os civis, pelos relógios de pulso.

Em sua usina, situada em Orange, em New Jersey, as pequenas mãos da U.S. Radium Corporation não descansavam. Deborah Blum conta que a um centavo e meio por mostrador pintado, a 250 mostradores por dia e a cinco dias e meio de trabalho por semana, as "Radium Girls" ganhavam cerca de vinte dólares por semana. O trabalho exigia muita precisão e minúcia, e os supervisores as aconselhavam a colocarem os pincéis entre os lábios para afinar a ponta. Os mesmos pincéis que elas molhavam em seguida no vidro de tinta com rádio... Insípida, a substância não provocava medo. Ela tinha até mesmo uma boa reputação na época, pois diziam que tinha poderes curativos: água de rádio, cremes e talcos com rádio, sabonetes, loções, pomadas e até mesmo supositórios para dar vigor aos membros viris. O Viagra da época era radioativo...

As "Radium Girls" não tinham nenhuma ideia dos riscos que corriam. Se, na empresa, os pesquisadores que trabalhavam na extração de rádio eram equipados com máscaras, luvas e aventais de

CIÊNCIA DE A A X

proteção, as moças do ateliê de pintura não desconfiavam de nada: algumas usavam a mistura como se fosse esmalte de unhas, outras se divertiam passando-a nos dentes ou borrifando nos cabelos para surpreender seus namorados à noite com um sorriso mais do que ultrabrilhante ou com cachos enfeitiçados. Mas, no início dos anos 1920, várias moças caíram doentes. Era uma doença misteriosa: os dentes caíam, seus maxilares apodreciam, os ossos quebravam, e tudo isso se combinava com anemias ou leucemias. Segundo Deborah Blum, em 1924, nove operárias haviam morrido, todas elas jovens que ainda não tinham chegado aos 30 anos. E o único ponto em comum entre elas era terem trabalhado nessa fábrica de New Jersey.

Nesse ano, a U.S. Radium Corporation solicitou um estudo científico para compreender o que acontecia em sua fábrica. Havia poeira de rádio por toda parte, ao ponto de algumas moças brilharem como fantasmas na penumbra. Resultados edificantes, que foram enterrados, mas não por muito tempo. Os médicos acabaram por se interessar por essas jovens doentes e não tardaram a compreender de onde vinha a sua patologia. As pacientes respiravam radônio, um gás raro radioativo, produto da desintegração nuclear do rádio... Esse gás, um primo distante do cálcio, se instalava no mesmo lugar que este no organismo, mas em vez de fortalecer os ossos, ele os destruía, assim como a medula óssea, irradiando-os por dentro.

Deborah Blum conta que Harrison Martland, um dos médicos que pesquisaram essa história fora do comum, mandou exumar o corpo de uma das operárias falecidas, extraiu tecidos que reduziu a cinzas e também ossos que limpou e colocou tudo em uma câmara escura perto de um filme fotográfico envolvido por papel preto. Ele realizou o mesmo preparo com tecidos e ossos retirados de um morto "normal" para ter uma amostra de controle. Segundo

Pierre Barthélémy

o doutor Martland, "se estivessem radioativos, os ossos e as cinzas dos tecidos emitiriam raios, e os raios beta e gama atravessariam o papel preto e impressionariam o filme fotográfico". Depois de dez dias, o primeiro filme estava repleto de manchas brancas e o segundo permanecia preto. Havia sido provado que uma radioatividade elevada continuava presente no corpo das "Radium Girls", mesmo depois da morte. Além disso, encontrei um artigo publicado em 1987 pelo *New York Times* que explica que, se aproximarmos um contador Geiger dos túmulos dessas pobres mulheres, a agulha ainda dá um salto, décadas depois da morte delas...

Mesmo que a U.S. Radium Corporation fizesse tudo para abafar o caso, cinco operárias, mesmo gravemente doentes, encontraram forças para prestar queixa e levar o caso ao tribunal, em 1928. O processo não chegou ao fim, pois foi feito um acordo entre as partes: cada operária recebeu a soma de 10 mil dólares, uma renda anual de algumas centenas de dólares e a garantia de que suas despesas médicas seriam pagas pela U.S. Radium Corporation. Nenhuma das cinco reclamantes sobreviveu aos anos 1930. Quanto à Marie Curie, a mãe do rádio, que lhe valeu um Prêmio Nobel de química em 1911 (depois do prêmio de física que ela dividiu com seu marido e com Henri Becquerel, em 1903, pela descoberta da radioatividade), morreu em 1934 de uma leucemia provocada por sua exposição prolongada aos elementos radioativos.

Março de 2011

Frankenstein: as promessas incríveis da medicina regeneradora

Tudo começou com Rocky. Não o boxeador de cinema protagonizado por Sylvester Stallone, mas um cão que tinha o mesmo

Ciência de A a X

nome e que, no fundo, também teve uma segunda chance. Estamos no final dos anos 1980 e o norte-americano Stephen Badylak, na época especialista em patologia animal na Purdue University (Indiana), procura um substituto para os tubos sintéticos que substituíam as aortas nas cirurgias cardíacas e apresentavam o problema de provocar inflamação e coágulos. Sua ideia: retirar um pedaço do intestino delgado de Rocky, que tinha o diâmetro adequado, e transplantá-lo no lugar da artéria para verificar se era resistente o bastante para essa função. Quando vai para casa depois da cirurgia, o pesquisador não espera realmente que Rocky sobrevivesse à noite. Mas na manhã seguinte, e nos dias seguintes, o cão está em boa forma e espera com impaciência que lhe sirvam sua refeição... Badylak repete a cirurgia em outros quatorze cães.

Depois de seis meses, sem nenhuma morte, ele decidiu "abrir" um de seus sujeitos para ver em que estado se encontrava a aorta. Foi aí, como disse o pesquisador à revista *Discover,* que "as coisas ficaram realmente bizarras". Não havia nenhum sinal do pedaço de intestino. No entanto, não havia erro: a marca da sutura existia, mas o tecido observado ao microscópio era o de uma artéria. "Eu estava vendo alguma coisa que não podia acontecer", disse Badylak, "alguma coisa que ia contra tudo o que me tinham ensinado na faculdade de medicina". Ao examinar outros cães e observar, todas as vezes, o desaparecimento do tecido intestinal, o pesquisador acabou por supor que alguma coisa nesse tecido provocava a regeneração da aorta. Ora, a regeneração, a possibilidade de fabricar um tecido, um órgão, um membro novo para substituir aqueles que foram danificados ou arrancados é um dos Graals da medicina.

Rocky viveu sua vida de cão durante outros oito anos, durante os quais Badylak identificou o que havia permitido esse pequeno milagre. Não se tratava das células intestinais, mas da estrutura que as mantêm juntas e que chamamos de matriz extracelular. Muito depressa, Badylak percebeu que, ao retirar todas as células dessa matriz, obtinha-se um material branco que podia ser apresentado sob diferentes formas (pó, gel, folhas etc.) e que não podia ser rejeitado pelos organismos hospedeiros. Para dispor deles em grande quantidade, o pesquisador começou a recuperar intestinos e bexigas de porcos em uma fazenda de criação de suínos.

Restava compreender como agia essa matriz extracelular. Sem a resposta a essa questão, Stephen Badylak arriscava-se a ser considerado como um charlatão com seu pó mágico. Durante anos, ele não ousou falar muito do assunto, mas firmou um acordo com um fabricante de material ortopédico, que registrou a patente de sua descoberta. Em seguida, esta foi aceita, em 1999, pela Food and Drug Administration (FDA) para ser utilizada na cirurgia dos tendões do ombro, no tratamento das hérnias abdominais e até mesmo no das meninges. O pó da bexiga de porco fazia milagres nos homens! E foi graças a uma biópsia realizada por um cirurgião em um paciente que Stephen Badylak, no início dos anos 2000, terminou por resolver uma parte do mistério: depois de depositadas

CIÊNCIA DE A A X

no organismo, as proteínas contidas no pó agiam como sargentos recrutadores e pediam reforços às células-tronco contidas no organismo. Estas têm a capacidade de se especializar em qualquer tipo de células, e assim não havia nada de surpreendente que pudessem se transformar em aorta num dia e em tendão no dia seguinte.

Isso provocou uma mudança total de paradigma, segundo Stephen Badylak: "Quase todos consideravam a matriz extracelular como um simples suporte estrutural que permitia que ficássemos em pé, sustentássemos nosso peso e mantivéssemos os órgãos unidos. Sabemos agora que é quase o contrário. É essencialmente uma coleção de proteínas-sinais e de informações, que são mantidas entre as moléculas estruturais". Esse foi também um passo de gigante para uma disciplina muito jovem: a medicina regeneradora.

Em 2007, aconteceu um acidente em uma manhã de domingo em uma loja de jogos e modelismo de Cincinnati (Ohio). Um dos empregados, Lee Spievack, teve a ponta do dedo anular cortada pela hélice de um avião em escala reduzida. Quase um centímetro de dedo desapareceu. A carne e o osso ficaram visíveis, mas isso não impressionou demais esse veterano da guerra do Vietnã. No hospital, propuseram que ele voltasse alguns dias depois para criar um coto na extremidade do dedo, com a pele retirada de outro lugar do corpo. Mas Lee Spievack queria primeiro um conselho de seu irmão mais velho, um cirurgião experiente. Este havia encontrado Stephen Badylak alguns anos antes e conhecia os "poderes" de sua matriz extracelular. Assim, ele enviou ao irmão ferido um tubo de "pó mágico" e recomendou que ele polvilhasse o dedo cortado a cada dois dias. E a ponta do anular se refez: o osso, a carne, a unha, tudo voltou a crescer, inclusive a impressão digital. A informação percorreu todos os Estados Unidos e, depois, o mundo pela internet. Não se passa agora mais de uma semana sem que Stephen Badylak, atualmente diretor adjunto do McGowan Institute for

PIERRE BARTHÉLÉMY

Regenerative Medicine (Instituto McGowan para Medicina Regenerativa) na Universidade de Pittsburgh (Pensilvânia), receba por e-mail pedidos para tratamento de amputados.

Há um mundo de diferença entre fazer crescer um pedaço de falange e fazer crescer um dedo ou um membro inteiro. Mesmo que, como as salamandras, o embrião humano possa recriar inteiramente um braço cortado, essa capacidade de regeneração é desativada em seguida e o corpo passa a conhecer apenas um procedimento muito mais resumido: a cicatrização. Por enquanto, mesmo tendo conseguido resultados encorajadores com ratos, Stephen Badylak disse que não pode recuperar um modelo complexo de um dedo humano inteiro, com ossos, articulações, músculos, tendões, vasos sanguíneos etc. Mas ele também sabe que a demanda de "reparação" é imensa em um país em guerra como os Estados Unidos. Assim, ele colaborou com o exército em um estudo realizado com soldados que retornaram feridos do Iraque e do Afeganistão, enquanto continua a testar os limites de sua matriz extracelular em outros tecidos. Em 2011, ele publicou um artigo anunciando a reconstrução do esôfago de cinco pacientes.

Stephen Badylak não é o único pioneiro da medicina regeneradora. A algumas centenas de quilômetros ao sul de Pittsburgh, no Wake Forest Institute for Regenerative Medicine (Instituto Wake Forest para Medicina Regenerativa) de Winston-Salem, Carolina do Norte, Anthony Atala faz, já há alguns anos, "brotar" bexigas que, em seguida, implanta com êxito em doentes. Sua equipe trabalha atualmente na criação de outros órgãos, como o rim. Também nos Estados Unidos, no Texas Heart Institute (Instituto Cardíaco do Texas) de Houston, Doris Taylor tenta recriar corações. Ela já conseguiu fazer isso com ratos. A era dos regenerados começou...

Abril de 2013

G de...

Garrafão: os vinhos caros são os melhores?

Eu me mudei para Cognac há alguns anos. Isso muito diverte a meus amigos, pois eles sabem que não bebo nem uma gota de álcool. Não importa. Apreciemos ou não os produtos dos vinhedos (ou de todo tipo de fermentação, maceração ou destilação), existe aqui um lugar fascinante: a *Cognathèque*. Ela é fascinante por se tratar de um verdadeiro pequeno museu do conhaque e também porque o preço de algumas garrafas está além do que podemos compreender, como "a Beleza do século": 179.400 euros por setecentos mililitros. Evidentemente, encontramos preços muito mais razoáveis, mas, na mesma categoria, os preços podem variar do simples ao triplo.

Até mesmo um profano como eu, que não se interessa nunca pelo conteúdo dessas garrafas, sabe que compramos uma qualidade e uma marca. Mas, no que diz respeito a bebidas, será que não compramos também um preço? Como a pergunta pode pa-

PIERRE BARTHÉLÉMY

recer estranha, explico-a. O consumo de vinho, por exemplo, é *a priori* um ato de prazer, mas qual seria o efeito do preço da garrafa sobre esse prazer? Até que ponto uma "boa garrafa" é uma garrafa que custou caro? Em outras palavras, os vinhos caros serão melhores por serem caros? Um estudo publicado nos Estados Unidos no *Proceedings of the National Academy of Sciences* encontrou uma resposta que fará engasgar alguns enólogos e exultar os especialistas de marketing. A experiência apresentada parte de uma hipótese simples: os consumidores correlacionam a qualidade com o preço. Vinte indivíduos, de 21 a 30 anos, foram colocados em um aparelho de IRM (imagem por ressonância magnética) enquanto experimentavam cinco vinhos que deviam posicionar em uma escala que ia de um a seis (um quando não gostavam, seis quando acreditavam ter provado de uma garrafa excepcional). Entre cada uma das cinco degustações, eles lavavam a boca com uma solução de sabor neutro. Durante todo esse tempo, a IRM media as zonas cerebrais ativadas.

Cada vinho era identificado não por seu nome, mas pelo preço pelo qual havia sido comprado (o que não causa estranheza nos Estados Unidos). A engenhosidade da experiência era que não havia cinco garrafas diferentes, mas apenas três. A primeira, a menos cara no comércio, era apresentada com seu preço verdadeiro (cinco dólares) e com um preço fictício que representava um aumento de 800% (45 dólares). A segunda, colocada na experiência para criar diversidade e distração, valia 35 dólares. Quanto à terceira, ela também era duplicada, sendo apresentada com seu preço real de noventa dólares, mas também com um desconto de 89%, com o preço de dez dólares. E o que vocês acham que aconteceu? As notas seguiram exatamente a escala dos preços, como mostram os seguintes dados extraídos do estudo: o "vinho barato" de cinco dólares era claramente mais apreciado quando assumia o valor de 45 e o "bom seco" de noventa dólares passava a ter gosto de vina-

Ciência de A a X

gre quando valia apenas dez dólares. Pouca coisa melhor do que a solução de enxágue bucal. E o cérebro, onde entra em tudo isso? Uma zona do córtex orbitofrontal, associada ao prazer sensorial, era mais irrigada quando a pessoa tinha o vinho de noventa dólares na boca do que quando ele degustava o vinho de dez dólares, mesmo se tratando de goles que vinham da mesma garrafa!

Conhecer o preço do que bebemos dirige nosso julgamento sobre a qualidade do produto e também o prazer que obtemos ao degustar a bebida. Esse efeito do preço foi demonstrado em outros estudos, um dos quais, retumbante, foi publicado em 2005 no *Journal of Marketing Research*. Em uma das experiências relatadas nesse artigo, os pesquisadores pediram aos sujeitos do estudo que engolissem uma dessas beberagens consideradas como ativadoras das capacidades intelectuais e, depois, resolvessem o máximo possível de anagramas em um tempo determinado. Anteriormente, havia sido perguntado aos participantes se eles acreditavam que esse tipo de bebida tinha um efeito verdadeiro e isso foi importante na continuidade da experiência. Cada um deles recebeu a mesma bebida e teve de pagá-la ao laboratório de pesquisa. Simplesmente, para alguns, o formulário de débito bancário a ser assinado explicava que o laboratório havia conseguido um preço de atacado para a bebida (0,89 dólares em vez de 1,89), enquanto para os outros só era indicado o preço normal de 1,89 dólares.

Quais foram os resultados? Lembrando do que escrevi anteriormente, vocês não se surpreenderão ao ler que os participantes que tiveram o desconto resolveram menos anagramas do que aqueles que pagaram o preço total e que um grupo de controle. Como se o fato de ter pago menos por um produto que deveria estimular seu cérebro tivesse diminuído seu efeito, ou até mesmo prejudicado seu desempenho. O mais divertido (e mais lógico) da história, é que esse efeito *nocebo* (o contrário do efeito placebo) era claramente mais marcado nas pessoas que acreditavam na eficácia da bebida do que nos céticos. Assim, entre os convencidos, os que pagaram o preço de atacado tinha resolvido apenas 5,8 anagramas, contra 9,9 dos outros e 9,1 do grupo de controle. Entre os céticos, a diferença era menor, mas ainda assim real, com 7,7 anagramas resolvidos contra 9,5.

O que esses estudos nos mostram? Que o preço tem um efeito inconsciente sobre as expectativas dos consumidores. Ao pagar o preço normal, você espera qualidade, e seu cérebro vai agir de modo que você a encontre ao degustar o conteúdo de sua garrafa. Ao pagar menos, você desvaloriza inconscientemente o produto, suas expectativas a respeito dele são menos elevadas e o prazer ou o benefício que você recebe é menor. Os especialistas de marketing, que conhecem psicologia, dizem que o preço faz o produto. E talvez mais do que as qualidades intrínsecas do vinho.

Para se convencer definitivamente, diriam vocês, seria preciso fazer uma experiência às cegas e provar, sem conhecer nem o preço, nem a origem, nem a graduação alcoólica, diferentes vinhos para saber se os mais caros são realmente os melhores. Essa experiência foi feita nos Estados Unidos, com uma grande amostra, pois mais de quinhentas pessoas entre 21 e 88 anos participaram de dezessete degustações às cegas, avaliando 523 vinhos que custavam de 1,65 a 150 dólares a garrafa. Ou seja, um total de mais de 6 mil notas foram atribuídas. Os resultados do estudo me agradam muito, pois para mim todos os vinhos têm o mesmo gosto e o mesmo perfume: "Descobrimos", escreveram os autores, "que a correlação entre preço e apreciação global é baixa e negativa. A menos que sejam especialistas, em média, os indivíduos apreciam ligeiramente menos os vinhos mais caros". Um conselho: se for quebrar o seu cofrinho para comprar uma garrafa cara para os amigos, deixe o preço visível. E se você optar por um vinho barato porque é mão

Ciência de A a X

fechada, tire uma etiqueta de uma garrafa muito mais cara e cole-a em seu vinho barato.

Maio de 2011

Genealogia: o homem que não descendia de Adão

Ele se chamava Albert Perry. Falecido havia alguns anos, era um afro-americano que morava na Carolina do Sul, descendente distante de escravos que a escravidão havia levado do oeste da África para o Novo Mundo. Não saberíamos mais nada dele, como relata a *New Scientist,* se um dia um de seus parentes não tivesse enviado uma amostra contendo seu DNA a uma empresa que se propusera a extrair informações sobre suas origens. Os testes de genealogia genética são realizados a partir do DNA mitocondrial, que é transmitido pela mãe a seus filhos e retraça a linhagem materna (a mãe, a avó materna, a mãe dessa avó etc.), ou então – e apenas no caso dos homens – a partir do cromossomo Y. Este fornece informações sobre a linhagem paterna (o pai, o avô paterno, o pai desse avô etc.).

Quando a amostra de Albert Perry chegou ao laboratório encarregado de realizar essa análise, surgiu um problema inédito: a sequência genética presente em seu cromossomo Y não se parecia com nenhuma sequência conhecida. Em outras palavras, podemos retraçar todos os cromossomos Y dos homens da Terra ao mais recente ancestral masculino comum, um homem que vivia na África há cerca de 140 mil anos. Esse homem é apelidado de "Adão genético" em referência ao primeiro homem do Antigo Testamento (existe também uma Eva mitocondrial). Mas o cromossomo Y de Albert Perry não descendia desse Adão.

PIERRE BARTHÉLÉMY

Essa exceção surpreendente levou uma equipe internacional a aprofundar as pesquisas sobre esse cromossomo Y tão particular, e os resultados desse trabalho acabam de ser publicados no *X American Journal of Human Genetics (AJHG)*. Segundo as evidências, o Adão genético de 140 mil anos não é mais o único, e toda a árvore filogenética do cromossomo Y humano, que retraça sua genealogia no mundo inteiro, precisa ser reconstruída. Comparando entre si as variações genéticas de diferentes grupos étnicos, comparando-as também com as de nosso primo próximo, o chimpanzé, e estimando a velocidade com que as mutações aparecem, esses pesquisadores puderam voltar no tempo e transplantar a árvore genealógica anteriormente em vigor sobre um tronco mais antigo, de onde partiu o ramo que carregava o cromossomo Y de Albert Perry.

E a árvore passou por uma boa revisão. Segundo seus cálculos, o novo Adão genético, o ancestral de quem saiu o cromossomo Y de todos os homens atuais *e* o cromossomo Y de Albert Perry, viveu também na África, mas há cerca de 340 mil anos. Como declarou ao *New Scientist* Jon Wilkins, do Ronin Institute, em New Jersey, que não participou desse estudo, desde que começamos a estudar a genética, temos "examinado os cromossomos Y. Deslocar neste momento a raiz da árvore do cromossomo Y é extremamente surpreendente".

Mas além de constituir uma surpresa, essa reviravolta traz um grande problema de data, simplesmente porque, há 340 mil anos, o homem moderno ainda não havia surgido! Segundo dados fósseis, sua aparição data de cerca de 200 mil anos. Como Albert Perry, que era sem a menor dúvida um *Homo sapiens*, podia ser portador de um cromossomo Y que datava de um *Homo* "arcaico" enquanto todos os seus contemporâneos dispõem de uma versão mais recente?

Quebra-cabeça? Na verdade, não, se considerarmos que o cenário da evolução do homem não é linear, mas similar a uma moita cujos galhos se separam e, depois, voltam a se cruzar. Uma hipótese provável é que, há vários milhares de anos, o grupo étnico do *Homo sapiens* do qual Albert Perry descendia tenha se misturado com um grupo de seres humanos "arcaicos". Atualmente, esses últimos desapareceram, mas, com essa troca de gametas, eles reinjetaram na população de homens modernos um cromossomo Y que não estava mais presente sob essa forma. Um cromossomo que, em seguida, se transmitiu de pai a filho durante gerações e gerações, até chegar a Albert Perry e a alguns outros.

Ao explorar os bancos de dados genéticos, os autores do estudo acabaram encontrando os Mbo, um povo africano que vive no sudoeste de Camarões, na região litorânea. Nesse banco de dados, encontravam-se onze homens Mbo (dentre um total de 174 cadastrados) cujo cromossomo Y apresentava características análogas às do cromossomo Y de Albert Perry, que provavelmente era primo distante deles. Os pesquisadores observaram que os Mbo vivem a menos de oitocentos quilômetros do sítio pré-histórico nigeriano de Iwo Eleru, onde os paleoantropólogos estabeleceram que o *Homo sapiens* coabitou e se reproduziu com os descendentes de uma linhagem mais antiga. Para os geneticistas, uma descoberta como a do cromossomo Y de Albert Perry evidencia até que ponto os bancos de dados têm lacunas: "É provável", escreveram eles, "que uma compreensão bem melhor da filogenia do cromossomo Y e das variações genéticas em geral fosse obtida se coletas mais densas e regulares fossem realizadas em toda a África subsaariana, considerando seu alto nível de diversidade genética".

Março de 2013

PIERRE BARTHÉLÉMY

Gênesis: qual osso de Adão foi realmente usado por Deus para criar Eva?

No Gênesis, é dito que "o Deus eterno fez cair um sono profundo sobre o homem, que adormeceu; Ele pegou uma de suas costelas e fechou a carne no lugar. O Deus eterno formou uma mulher a partir da costela que havia tomado do homem e a levou até o homem". É assim que a Bíblia descreve a criação de Eva a partir de uma costela de Adão. Mas esse mito explicativo não agradou a Scott Gilbert, professor de biologia no Swarthmore College, uma universidade norte-americana situada na Pensilvânia. Esse professor e pesquisador, na verdade, achou estranha a escolha de um osso desprovido de qualquer significado simbólico para um ato tão importante quanto a criação da mulher sob anestesia geral. Além do mais, destaca Scott Gilbert, um mito como esse deveria servir para explicar uma diferença no número de ossos entre o homem e a mulher, o que não é o caso. De onde veio a hipótese formulada, em 2001, em uma correspondência publicada pelo *X American Journal of Medical Genetics* (AJMG) e agora passada à posteridade da ciência improvável: e se um erro de tradução tivesse feito Deus pegar o osso errado?

Assim, Scott Gilbert procurou os serviços de Ziony Zevit. Esse especialista em literatura bíblica e em idiomas semíticos na American Jewish University de Los Angeles lhe explicou que a palavra hebraica usada na descrição da operação divina realmente significava "costela", "lado" ou "flanco" (de um ser humano ou de uma montanha), mas que também podia ter o sentido de "prancha", "trave", "escora" ou "coluna", ou seja, descrever um elemento de estrutura, suporte, sustentação. Era exatamente o que esperava Scott Gilbert, pois ele já tinha uma ideia a respeito do osso que Deus poderia ter retirado do homem, e que ainda lhe falta atualmente.

100

CIÊNCIA DE A A X

Ele se chama *baculum*, palavra latina que, a acreditar em meu velho dicionário Gaffiot francês-latim, significa "bastão" ou "cetro". Numerosos mamíferos machos têm esse osso, em especial nossos primos mais próximos: os chimpanzés e os gorilas. Trata-se de um osso que, durante a cópula, é inserido no pênis, o que é prático para obter uma ereção rápida sem esperar que todo o sistema hidráulico, do qual depende integralmente a reprodução humana, entre em ação. Alguns colecionadores os apreciam muito e, por 65 dólares, você pode adquirir um *baculum* de morsa, com sessenta centímetros (deixamos aos compradores a diversão de imaginar o uso que poderão fazer dele). Em 2007, um osso peniano proveniente de uma espécie de morsa extinta há vários milênios foi vendido por 8 mil dólares em um leilão. É preciso destacar que a relíquia media 1,4 metro.

Exceto alguns casos patológicos raros de ossificação peniana, o homem perdeu essa ferramenta em algum ponto de sua evolução e essa ausência não passou despercebida aos povos da Antiguidade, que viviam próximos dos animais. Para Scott Gilbert e Ziony Zevit, a criação de Eva bem podia ser um mito explicativo desse desaparecimento misterioso. De fato, o hebraico usado na Bíblia não dispunha de "nenhum termo técnico para designar o pênis e se refere a ele por meio de numerosos circunlóquios". Em consequência, pode-se muito bem dizer que a "coluna" ou a "trave" – aparente ou não – de Adão é algo além de uma simples costela. Além disso, segundo os autores dessa correspondência no AJMG, criar um novo ser a partir de um osso situado no órgão reprodutor é simbolicamente mais forte do que escolher um osso qualquer, do qual existem (duas) dúzias no corpo humano.

Finalmente, Scott Gilbert, com um toque de humor, guardou para o fim um último e sutil argumento anatômico. O texto do Gênesis, ao dizer que Deus "fechou a carne" depois dessa extração cirúrgica, subentende uma cicatriz ou mesmo uma sutura. Mas, se examinarmos o tronco humano, a única cicatriz existente é o umbigo (que, por toda lógica, Adão e Eva não deveriam ter) e ele não fica realmente no nível das costelas. Por outro lado, existe uma magnífica sutura ao longo do órgão reprodutor masculino, a rafe do períneo, uma linha que percorre todo o lado inferior do pênis, o escroto e o períneo. Se a hipótese de Gilbert e Zevit estiver correta, compreende-se ainda melhor por que Deus fez Adão dormir antes de operá-lo, e o mito de Eva resolve duas questões, explicando ao mesmo tempo a ausência do *baculum* e a presença dessa sutura (que, na realidade, é uma lembrança do momento em que, durante a embriogênese, as dobras e pregas da região se unem para criar os órgãos genitais masculinos).

"Até os quarenta anos, acreditei que fosse um osso" disse Henrique IV, falando da parte viril de sua anatomia. Depois, o famoso conquistador perdeu essa ilusão ao experimentar alguns fracassos. Não havia nenhum osso. De quem é a culpa? Daí a suspeitar de um acordo entre Deus e os fabricantes de Viagra há um espaço que não vou percorrer. Deixo isso para os jornalistas investigativos.

Julho de 2012

Gestação: ter um bebê aumenta o cérebro das mães

Instinto maternal. Por trás dessa expressão um pouco ampla demais se escondem sem dúvida numerosos mecanismos biológicos. Entre os mais importantes, bem pode figurar o aumento do volume do cérebro materno, como mostrou pela primeira vez um estudo norte-americano publicado no jornal *Behavioral*

Neuroscience. Resumindo, a barriga da futura mamãe aumenta e seu cérebro também.

Baseando-se em numerosos estudos realizados com animais (essencialmente ratos), que revelaram a "superativação" de numerosas zonas do cérebro das mães, os autores do estudo se perguntaram se alterações estruturais do mesmo tipo aconteceriam no encéfalo feminino depois do parto. Para descobrir, eles simplesmente observaram por ressonância magnética o cérebro de dezenove mulheres que tinham acabado de dar à luz. O exame foi feito duas vezes; a primeira entre duas e quatro semanas após o nascimento do bebê, a segunda dois meses e meio depois. As análises revelaram um aumento do volume da massa cinzenta no córtex pré-frontal, nos lobos parietais e no mesencéfalo. Detalhe divertido: antes da experiência, todas as mães responderam a um questionário sobre a percepção que tinham de seu filho recém-nascido. E os pesquisadores constataram em seguida que, quanto mais seus sentimentos pelo seu bebê eram fortes (com o uso de adjetivos positivos como "lindo", "perfeito", "ideal" ou "especial"), mais seu cérebro havia aumentado.

A reorganização do cérebro pós-parto – um novo sinal da plasticidade de nosso computador central e da neurogênese na idade adulta –, portanto, bem poderia explicar o instinto maternal. A melhoria do desempenho da mãe constitui, de fato, uma chance a mais para que seus rebentos cresçam e para que a espécie sobreviva. Assim, em um comentário que acompanhava o estudo, Craig Kinsley e Elizabeth Meyer (Universidade de Richmond) relembraram uma experiência que haviam feito em 1999: as ratas eram colocadas em labirintos onde o alimento estava escondido. As que haviam tido filhotes se lembravam mais rapidamente da localização das recompensas do que as outras – uma maneira de destacar que, com melhores funções cognitivas, as mães passam menos tempo em busca de comida e, portanto, menos tempo longe de sua ninhada vulnerável. Outro estudo teve resultados semelhantes e demonstrou, ainda com animais, que as mães eram mais capazes de resistir ao estresse e à ansiedade.

Duas causas podem estar na origem dessas modificações. Em primeiro lugar, o potente coquetel de hormônios a que as mulheres são submetidas durante a gestação, o parto e a lactação. Em seguida, o afluxo intenso de novas informações sensoriais provenientes do bebê: imagens, sons, contatos físicos e, sobretudo, novos odores, que são um meio muito refinado de reconhecer seus filhos e determinam (conforme foi comprovado em animais) a força das relações entre a mãe e seu filho.

Os autores do estudo, o primeiro do gênero, propuseram a exploração mais profunda desse novo domínio e a realização de outras experiências: acrescentar uma IRM durante a gestação para ver em qual estágio começa a evolução do cérebro; comparar as mães com mulheres da mesma idade que não tenham filhos; definir melhor o sentido da causalidade (é o aumento do tamanho de determinadas zonas do cérebro que provoca o comportamento maternal ou é o inverso?); aumentar a amostra, abrindo-a especialmente para mulheres que tenham fatores "de risco" – genéticos, psicológicos ou socioeconômicos –, a fim de ver se a ausência do famoso "instinto maternal" pode ser correlacionada à ausência das modificações cerebrais descritas nesse estudo.

Pessoalmente, eu iria ainda mais longe e estenderia essa pesquisa aos pais. O que se passa no cérebro paterno? Por que, para alguns de meus congêneres, a chegada do bebê se traduz por uma incapacidade de ouvir o pequeno chorar à noite, de trocar uma fralda e de esquentar a mamadeira? No entanto, ao mesmo tempo, o macho presta uma atenção dupla aos ruídos emitidos pela televisão, adquire uma destreza inigualável para abrir latas de cerveja

CIÊNCIA DE A A X

enquanto assiste a jogos de futebol e aquece divinamente pizzas congeladas. Eis aqui um mistério sobre o qual a ciência logo deveria se debruçar...

Outubro de 2010

Grade: 17 é o número de Deus no sudoku

Dois matemáticos e um programador, com a ajuda dos computadores do Google, descobriram em 2010 o "número de Deus" no cubo de Rubik (ou cubo mágico). Mais precisamente, eles descobriram que o número máximo de movimentos a realizar para reconstituir as seis faces desse brinquedo diabólico era vinte, qualquer que fosse a complexidade da posição de partida. Talvez isso não pareça muito importante, mas esse problema havia intrigado os especialistas em análise combinatória durante anos.

Outro desafio que reúne matemática e jogo diz respeito ao "número de Deus" não mais em um cubo, mas em um quadrado atualmente tão famoso quanto a invenção de M. Rubik: a grade de sudoku. Vou relembrar as regras para aqueles que escaparam ou resistiram à febre do sudoku. O jogo é apresentado sob a forma de uma grade quadrada com nove células de lado (portanto, 81 células no total), subdividida em nove blocos de três células de lado. Algumas células têm números de 1 a 9 que funcionam como indicadores. O objetivo consiste, por meio desses indicadores, em preencher a grade de modo que cada fileira, cada coluna e cada bloco contenham todos os números de 1 a 9. A outra regra importante do sudoku é que uma grade deve ser formada de modo a ter apenas uma única solução. E é aqui que o "número de Deus" entra em cena. Para os matemáticos, esse número é a resposta à seguinte pergunta: qual é o menor número de indicadores que podem ser definidos para que a grade tenha apenas uma solução?

Na prática, os sudokus publicados nos jornais têm em média cerca de vinte indicadores. Os mais minimalistas já descobertos têm apenas dezessete. O matemático australiano Gordon Royle, que se apaixonou pelo assunto, acompanha os jogos de sudoku pelo mundo, e sua coleção contém cerca de 50 mil espécimes. Mas nenhum deles tem apenas dezesseis indicadores. Portanto, ele imaginou que o "número de Deus" seria 17. Mas ainda faltava provar. Foi o que acabou de fazer um artigo publicado em *arXiv*, uma base de pré-publicações científicas. Os autores do estudo, Gary McGuire, Bastian Tugemann e Gilles Civario, realizaram um importante trabalho, ao mesmo tempo matemático e informático, para chegar a esse resultado. A prova deles não é demonstração como as que aprendemos na escola, nas aulas de matemática, um raciocínio teórico que termina com CQD (como queríamos demonstrar). Trata-se, ao contrário, de uma demonstração pragmática. A ideia desses pesquisadores consistiu em criar um algoritmo e um programa capazes de analisar uma grade preenchida com 81 números a fim de determinar se ela pode, ou não, ser resolvida apenas com dezesseis indicadores.

Falando assim, até parece fácil. Mas os números ocultos por trás desse jogo aparentemente simples são enormes. De fato, existem exatamente 6.670.903.752.021.072.936.960 grades possíveis (isto é, aproximadamente 6.671 quintilhões de grades, para aqueles que têm dificuldade em ler números grandes). Felizmente para nossos pesquisadores, não é necessário analisar todos porque muitos deles são variantes de uma só configuração. Se, por exemplo, pegarmos uma grade e trocarmos os números 1 pelos números 7, o sudoku de chegada será diferente, mas sua estrutura geométrica permanecerá a mesma. As transformações possíveis são numerosas. Aqui estão alguns exemplos, não exaustivos: inverter a primeira e a segunda fileiras (ou fazer a mesma coisa com as duas primeiras colunas), deslocar embaixo ou no meio as três fileiras do alto, girar a grade um quarto de volta, usar o reflexo da grade em um espelho etc. Desse modo, foi demonstrado que todas as grades possíveis podiam ser reduzidas a 5.472.730.538 modelos de grades (ou seja, uma divisão por mais de um trilhão).

Problema resolvido? De modo algum. De fato, em seguida é preciso verificar, para *cada uma* dessas grades, se cada combinação de dezesseis indicadores é suficiente para que haja apenas uma solução do sudoku. Porém, existem, a cada vez, cerca de 34 trilhões dessas combinações: existem mais combinações de indicadores a analisar por grade do que as próprias grades. Assim, por muito tempo, a tarefa foi considerada impossível. Como disse Gary McGuire, citado em um artigo da revista *Scientific American*, se pudesse ser realizada uma análise de todas essas combinações em um único segundo (o que está longe de ser o caso), "poderíamos processar todas as grades em 173 anos. Infelizmente, não podemos fazer isso no momento, nem mesmo com um computador rápido". O matemático estimava na época que uma máquina potente pudesse realizar uma análise completa de uma grade em um minuto. O que significava que, mesmo com 10 mil computadores potentes, a tarefa completa levaria mais de um ano. Para torná-la mais acessível, concluiu ele, "devemos ou reduzir a quantidade de dados a processar ou encontrar um algoritmo bem melhor para a análise".

Todo esse trabalho de simplificação teórica é que foi realizado agora. Os pesquisadores conseguiram reduzir os dados ao identificar nas grades os jogos de indicadores "inevitáveis" (ou obrigatórios), sem os quais o sudoku não poderia ser resolvido. Isso reduziu consideravelmente o total de combinações a serem verificadas. Durante várias centenas de sessões realizadas no decorrer de um

PIERRE BARTHÉLÉMY

ano, os autores do estudo executaram seu programa no supercomputador Stokes do Irish Centre for High-End Computing (Centro Irlandês de Computação Avançada). No total, eles acumularam o equivalente a 7,1 milhões de horas de cálculo e demonstraram que, com apenas dezesseis indicadores, nenhum dos 5.472.730.538 modelos de grades admitia uma solução única.

Esperemos que, algum dia, um matemático chegue ao mesmo resultado graças a uma demonstração elegante, dispensando o uso da "força bruta" (mas eficaz) de um supercomputador. Enquanto esse dia não chega, os autores apressaram-se a destacar que seu "novo algoritmo tem inúmeras outras aplicações possíveis além do sudoku". Outros domínios, como a bioinformática, testes de programas, redes informáticas ou de telefonia móvel apresentam, de fato, problemas comparáveis a esse do "número de Deus" oculto em uma pequena grade de 81 células.

Post-scriptum: a mania do sudoku se espalhou pelo planeta e tem adeptos entre as celebridades de todo o mundo. Assim, dizem que Chuck Norris conseguiu colocar "anticonstitucionalmente" em contagem tripla em uma grade de sudoku. Chuck Norris é muito forte.

Janeiro de 2012

Gravidade: os perigos do amor no espaço

Já temos a lançadora, a picada do escorpião, o trapézio e o espelho do prazer. Na lista de imagens das posições amorosas, sem dúvida será preciso, no decorrer do próximo século, instaurar uma nova nomenclatura: a das posições interplanetárias, ligada à exploração do sistema solar. Pois o homem, além de ser um animal sexual, tornou-se já há meio século um animal espacial. Doze homens já foram acariciar a Lua (com L maiúsculo) e, se é muito pouco provável que finquemos algum dia uma bandeira nos montes de Vênus, planeta muito inóspito, Marte constitui a próxima etapa da conquista. Essas serão viagens de longo curso (520 dias de ida e volta, se considerarmos os dados da missão Mars-500, mas a viagem pode chegar a até dois anos e meio), com tripulações mistas, pois as mulheres atenuam as tensões em situações de confinamento prolongado e de microgravidade.

Se você não consegue imaginar três homens e três mulheres flutuando, durante meses, em uma nave espacial, e vendo a Terra se transformar em um ponto azulado minúsculo na imensidão negra do vazio interplanetário, não há problema; Rhawn Joseph fez isso por você, em um dos 55 capítulos do livro coletivo *Human Mission to Mars. Colonizing the Red Planet*. Explico que não se trata de uma publicação científica, mas esse psiquiatra apaixonado por astrobiologia reuniu numerosos estudos, realizados no espaço, que dão uma ideia dos perigos que rodeiam os amores espaciais. Ele parte do princípio de que, nas condições muito particulares desse tipo de viagem, acontecerá aquilo que já ocorreu durante as invernagens nas estações polares na Antártica: ligações, relações sexuais, gestações.

O problema é que tudo fica mais complicado no espaço. Manter-se no ar, lá no alto, parece uma verdadeira prova de ginástica em razão da ausência de gravidade. Uma palavra de ordem: prender-se um ao outro. Porque um movimento brusco demais poderia catapultar você e sua parceira às duas extremidades do módulo marciano. No entanto, podemos confiar na inventividade do homem (e da mulher) para se desenredar dos pontos de amarração. Além disso, não é impossível que os precursores já tenham realizado algumas experiências, do lado soviético, na estação Mir, ou do lado norte-americano, com as naves espaciais.

Portanto, nós nos arriscamos a ficar com alguns hematomas para subir ao sétimo céu. Mas tudo isso não é nada perto do risco que seria criado pela tentativa de se reproduzir no espaço. A ausência de gravidade e a exposição aos raios cósmicos podem ter consequências graves: endometriose, menstruação retrógrada, perturbações hormonais, alteração dos gametas (especialmente no homem), alterações no núcleo celular e na forma das células, anomalia na formação do sistema nervoso primitivo do embrião, desenvolvimento fetal anormal, partos falsos, estresse pré e pós-natal, alterações genéticas, retardo intelectual nas crianças etc. Em

CIÊNCIA DE A A X

sua compilação, Rhawn Joseph lembra em especial que, em uma experiência realizada pelos soviéticos, ratos se acasalaram, mas sem que isso fosse seguido de nascimentos.

Depois de pousarem em Marte, os astronautas não estariam mais expostos aos efeitos deletérios da microgravidade. No entanto, o ambiente será extremamente diferente do ambiente terreno, no qual o homem sempre evoluiu (nos dois sentidos do verbo "evoluir": se desenvolver e se movimentar). Consequentemente, se os seres humanos nascerem no planeta vermelho, haverá grande chance de que eles tenham diferenças genéticas notáveis em relação aos que vêm ao mundo em nosso globo azul. Isso poderia (quem sabe?) acabar por nos levar a um processo de especiação, com o aparecimento de uma espécie que os autores de ficção científica frequentemente nos ensinaram a temer: os marcianos.

Janeiro de 2011

Grimório: o manuscrito mais misterioso do mundo

É o manuscrito mais misterioso do mundo. Nós o chamamos de manuscrito Voynich, o nome do vendedor de livros antigos que, em 1912, comprou-o em um colégio de jesuítas perto de Roma. Ele se encontra atualmente na Beinecke Rare Book and Manuscript Library da Universidade de Yale, nos Estados Unidos, sob o registro MS 408. Por que é o mais misterioso? Simplesmente porque ignoramos quem o escreveu, onde foi escrito e, principalmente, o que ele conta. Ilustrado com plantas mágicas em sua maior parte, esse manuscrito contém também uma parte "astrológica-astronômica", notadamente com um zodíaco, uma parte dita "anatômica" em que, em bacias cheias de um líquido verde e alimentadas por uma vegetação bizarra, banham-se ninfas como vieram ao mundo, e uma parte "farmacêutica" na qual as plantas parecem estar classificadas perto de recipientes de boticários.

Portanto, do que se trata esse manuscrito? O texto não nos dá nenhuma resposta, por uma boa razão: ele está redigido em um alfabeto e um idioma totalmente desconhecidos. Escrito da esquerda para a direita e de cima para baixo, ele envolve os desenhos. Alguns sinais parecem letras do alfabeto latino ou números árabes, o resto assemelha-se a runas ou ideogramas. Wilfrid Voynich teve, à primeira vista, a impressão de que se tratava de um código ou, para usar sua expressão exata, de "um texto cifrado". Até sua morte, em 1930, ele pensou que o autor desse manuscrito tão misterioso fosse Roger Bacon, um franciscano inglês do século XIII, de espírito livre, um dos pais da experimentação científica, que criticava a

CIÊNCIA DE A A X

escolástica em moda na época e, por todos esses motivos, foi perseguido pela Igreja e viveu em prisão domiciliar durante boa parte de sua vida. Bacon tinha bons motivos para querer "mascarar" seus escritos e também a capacidade para fazê-lo. E Voynich tinha bons motivos para sustentar essa tese, pois um manuscrito de Bacon valeria uma fortuna.

Na realidade, como escrevi em 2005 em *Le Code Voynich*, obra que, pela primeira vez, apresentou um fac-símile do manuscrito (Jean-Claude Gawsewitch Éditeur), a tese de Bacon não tem base. Inúmeros sinais fazem pensar que a obra é muito posterior à morte, em 1294, do *Doctor mirabilis*, como se apelidava Bacon: assim, a caligrafia se aproximava da escrita humanística, bastante arredondada, que substituiu os caracteres góticos no início do século XV. Outro sinal: o estilo das ilustrações, que os especialistas concordam em dizer que correspondem ao que se encontrava na Itália na mesma época. E há a prova científica por carbono-14, esperada fazia muito tempo, que acabou de ser anunciada oficialmente pela Universidade do Arizona: o pergaminho do manuscrito foi escrito em um intervalo de tempo que vai de 1404 a 1438. Para obter essa datação, Greg Hodgins teve autorização para retirar quatro fragmentos do MS 408, de quatro folhas diferentes. Quatro retângulos minúsculos de 1 mm × 6 mm, que foram suficientes para a datação. Dito isso, por interessante que seja, a datação por carbono-14 traz poucas informações. Ela invalida definitivamente a hipótese Bacon, que seria idoso demais para isso, destrói a ideia de que alguns vegetais representados se pareciam com plantas da América, relatadas por Cristóvão Colombo, e aniquila a hipótese segundo a qual o manuscrito seria uma farsa de época redigido na virada do século XVI para o XVII para ser vendido a preço de ouro a um cortesão do imperador Rodolfo II de Habsburgo, apaixonado pelo esoterismo e pela alquimia, ou até mesmo ao próprio imperador. Outra tese que é desmentida por essa datação é a do britânico Gor-

113

PIERRE BARTHÉLÉMY

don Rugg que, em 2004, explicou que seria possível criar um falso texto parecido com o do manuscrito Voynich por meio de uma *Cardan grille*[1]. O problema é que o matemático italiano Girolamo Cardano viveu cem anos depois da elaboração do manuscrito. Enfim, a ideia um pouco insólita de que o próprio Voynich poderia ter criado esse livro, proposta por Rob Churchill e Gerry Kennedy em seu livro excelente em outros aspectos, *The Voynich Manuscript*, parece morta e enterrada.

Por outro lado, a datação não nos dá nenhuma informação sobre o que está oculto nesse manuscrito. Ao redigir o longo prefácio do *Code Voynich*, fiquei fascinado pelo fato de que todos aqueles que se dedicaram a decifrar o livro e propuseram uma solução se enganaram, vítimas do que chamo de maldição do manuscrito: todos viram nele aquilo que queriam ver e se apegaram à sua teoria contra toda a lógica. O MS 408 se comporta, escrevi então, "como um demoníaco teste de Rorschach, como um espelho voltado para o desejo dos que desejam decifrá-lo". Atualmente, apenas a data em que foi criado não é mais um mistério. Quanto ao resto, ainda ignoramos quem o escreveu, por que e como seu conteúdo foi codificado (se é que existe um conteúdo real) e o que ele conta. Não se sabe nem mesmo se existe algum vínculo entre as ilustrações e o texto. Apesar da evolução da criptografia, apesar da multidão de apaixonados, profissionais ou amadores, que tentaram decifrá-lo, apesar da potência crescente da informática, o manuscrito resiste. O manuscrito mais misterioso do mundo permanece indecifrado.

Fevereiro de 2011

---

1   Método criado por Girolamo Cardano (1501-1576) para escrever mensagens secretas em um texto utilizando um *grid*. [N.E.]

H de...

Harém: por que os playboys atraem as mulheres?

"Mas o que é que todas elas veem nele?" Essa pergunta enervante surgiu um ou outro dia no nosso cérebro ao ver o rapaz de Grande-Motte com jeito falso de astro da música, ao redor do qual arrulhava uma multidão de garotas e que, no final da noite, partiu levando Corinne em sua moto 125 cilindradas, depois de ter acabado de deixar Stéphanie... Como explicar esse efeito *playboy*, essa atração das mulheres pelos mulherengos? Segundo alguns especialistas em comportamento, não vale a pena buscar as chaves da sedução no sedutor (feromônios, forma do rosto, tonalidade da voz etc.). As chaves encontram-se nas mulheres: talvez as senhoras e senhoritas que disputam os conquistadores estejam apenas imitando umas às outras.

A hipótese subjacente é simples: vejo uma mulher seduzida por um homem, portanto ele deve ser um bom parceiro e eu também vou escolhê-lo. Isso pode parecer horrivelmente machista, mas diversos trabalhos recentes apontaram essa imitação na escolha do parceiro, o que os anglo-saxões chamam de *"mate copying"*. A vantagem obtida com esse comportamento não é evidente, o que não impede que o comportamento exista efetivamente. Em um estudo publicado em 2008 no *Personality and Social Psychology Bulletin*, Sarah Hill e David Buss (Universidade do Texas) mostraram que as mulheres consideravam mais atraente um homem fotografado com outra mulher do que o mesmo homem sozinho ou em companhia de outro homem. É importante observar que o inverso não é verdadeiro: um homem que veja uma mulher fotografada em companhia de outro homem vai considerá-la menos atraente do que se estiver sozinha ou acompanhada por outras mulheres. Os homens preferem não ter um rival... Um ano antes, um estudo análogo havia mostrado que os homens vistos com uma mulher que lhes sorria pareciam mais atraentes para as observadoras femininas do que esses mesmos homens vistos com uma mulher com expressão zangada. O sucesso da sedução abre caminho para outras conquistas...

Antes de ser estudado nos seres humanos, o *mate copying* foi demonstrado nas fêmeas de diferentes animais (peixes, pássaros, mamíferos), o que prova que eles são perfeitamente capazes de obter e usar informações sociais, e que esse comportamento de imitação talvez seja transmitido de geração em geração em bases não genéticas, mas "culturais". O mais louco é que também encontramos essa imitação na escolha do parceiro nas moscas, nas drosófilas, cujo cérebro é muito menor que uma cabeça de alfinete. A experiência, publicada no *Current Biology* em 2009, é bastante surpreendente. Os autores tiveram a ideia de polvilhar os machos com pós cor-de-rosa e verde fluorescentes, a fim de criar duas categorias bem distintas. Eles colocaram em um tubo um macho verde e duas fêmeas: a primeira com ele e a segunda separada do casal por uma parede transparente. Como em um *peep show*, o macho e a primeira fêmea se acasalaram sob os olhos da fêmea *"voyeur"*. Depois, esse casal foi substituído por outro, formado por um macho cor-de-rosa e uma fêmea que, tendo acabado de se acasalar, não tinha vontade de recomeçar tudo e recusou os avanços do macho. A cena também aconteceu diante dos olhos da fêmea testemunha. Por fim, em um terceiro momento, esta foi colocada na presença de dois machos, um cor-de-rosa e um verde, sem que nenhuma parede os separasse. E o que vocês acham que aconteceu? A senhorita drosófila preferiu o *playboy* verde e não o pobre rapaz cor-de-rosa que teve de se virar sozinho. A experiência foi reproduzida diversas vezes e invertida (o sedutor de cor-de-rosa, o desprezado de verde), mostrando que, qualquer que fosse a cor, a mosca baseava sua escolha na da fêmea que tinha sido vista se acasalando.

Um conselho, portanto, aos homens que me leem e querem bancar os conquistadores, em Grande-Motte ou em outros locais, durante o resto do verão: convide uma amiga bonita e sorridente para dançar na boate de noite e fique ao lado dela. As imitadoras vão adorar.

Agosto de 2011

Horror: um médico italiano quer transplantar cabeças humanas

Em um estudo publicado pela revista *Surgical Neurology International*, o neurologista italiano Sergio Canavero anunciou sem reservas que, a partir de agora, é possível transplantar cabeças humanas. Para ser mais preciso, se considerarmos que o cérebro, contido no crânio, é a sede da personalidade, da consciência e contém aquilo que torna único cada ser humano, seria melhor falar de transplante de corpo em vez de transplante de cabeça.

Mesmo deixando de lado obras de ficção como o romance *Frankenstein*, de Mary Shelley, o assunto não é completamente novo. Sergio Canavero se inspirou diretamente nos trabalhos do cirurgião norte-americano Robert White, que, em 1970, conseguiu transplantar a cabeça de um macaco A no corpo decapitado de um macaco B. Robert White havia previsto que seria possível, no século XXI, fazer essa operação com seres humanos, uma vez que soubéssemos reconectar as medulas espinhais (o macaco ficou consciente, mas tetraplégico...). Em seu estudo, Sergio Canavero assegura que esse tempo já chegou, explicando que uma medula espinhal cortada com precisão por um instrumento cirúrgico pode ser reparada com facilidade desde que as duas seções sejam colocadas em contato em uma mistura de dois polímeros: o polietilenoglicol (PEG) e a quitosana. Esses produtos são, de fato, capazes de ativar um tipo de fusão-reparação de células nervosas danificadas, como demonstram experiências realizadas com porquinhos-da-índia e cães.

Depois de resolver esse problema, Sergio Canavero passa a coisas sérias, isto é, à descrição de um transplante de cabeça. É preciso ter um receptor, por exemplo, um tetraplégico ou alguém que sofra de câncer sem metástases no cérebro. E é preciso um doador com o mesmo porte físico e do mesmo sexo (pois esse detalhe, nesse gênero de transplante, não deixa de ter importância...) que esteja em estado de morte cerebral. Na parte inicial da operação, duas equipes cirúrgicas trabalham paralelamente. A primeira resfria a cabeça do receptor, pois uma profunda hipotermia deve desacelerar enormemente o metabolismo do cérebro de modo que este não sofra danos durante o tempo em que não será irrigado. No pescoço, soltam-se os músculos e os vasos sanguíneos, a traqueia e o esôfago. A tireoide é conservada. A segunda equipe prepara o pescoço do doador, mas do outro lado da incisão. Última etapa: os dois grupos de cirurgiões cortam simultaneamente as medulas espinhais.

Depois disso, é preciso agir bem rápido. A cabeça do receptor está em um estado que os especialistas em hipotermia chamam alegremente de "estado de morte controlada". Ela é transferida para o corpo do doador e agora é preciso, o quanto antes, reconectar a medula espinhal graças ao PEG-quitosana. Depois, reconecta-se toda a "tubulação". E começa o tratamento imunossupressor para evitar a rejeição do transplante (mesmo que não saibamos muito bem qual a parte do corpo designada pela palavra "transplante"). Quando o paciente despertar, é necessário que haja um acompanhamento psicológico para que se aproprie de seu novo corpo. Se o receptor era, anteriormente, tetraplégico, ele também deve se habituar novamente aos movimentos.

O autor do estudo escreveu que os cirurgiões devem, primeiramente, treinar por meio de experimentações com primatas, ou mesmo com seres humanos em estado de morte cerebral. Se tudo progredir sem imprevistos, o primeiro transplante de cabeça humana poderá acontecer dentro de dois anos, garante Sergio Canavero. Quanto ao custo da operação, o médico italiano, entrevistado pelo jornal suíço *Le Matin*, estima em "dez milhões de euros, ou seja, menos do que um salário de um jogador de futebol!". O artigo da *Surgical Neurology International* passa propositadamente muito depressa pelas numerosas questões éticas que evoca. Ele aponta, todavia, um problema interessante: em caso de sucesso do transplante, é muito possível que a pessoa operada se reproduza. No entanto, os gametas não são fabricados na cabeça (quem diria que algum dia eu escreveria uma frase como esta...). Seus filhos seriam, portanto, de um ponto de vista genético, filhos do doador morto...

Como nenhuma lei de bioética previu tal transplante, Sergio Canavero urge que a sociedade se ocupe do assunto. Em sua entrevista ao *Matin*, ele questiona: "O que acontecerá se um velho bilionário chinês desejar um novo corpo? Os médicos utilizarão órgãos provenientes de prisões, como fazem em alguns casos?". Outro exemplo dado pelo pesquisador italiano: "Imaginemos um novo Albert Einstein. Poderíamos decidir transplantar sua cabeça para outro corpo para impedi-lo de morrer. As regras éticas devem ser estabelecidas antes que esse procedimento caia nas mãos de médicos sem escrúpulos". Dito isso, por definição, os médicos sem escrúpulos não se incomodam com esse tipo de regras.

Junho de 2013

I de...

Imperador: escândalos sexuais entre os pinguins

Sinto um pouco de inveja de meus colegas jornalistas que, sob o pretexto de que a notícia está nas extravagâncias de uns e outros, molham suas penas em uma tinta verde-azulada, aquela com que se imprimem os tabloides de sexo, como antigamente se fazia com os jornais sensacionalistas que "pingavam sangue", colocando na primeira página os fatos diversos mais horríveis, pois isso vende. Desejando, como eles, minha parte do público, vou me comprazer no estupro e denunciar os escândalos sexuais que mancham o continente branco.

Muitas coisas acontecem entre os pinguins-de-adélia. Sob a aparência de pequenos casais fiéis, bem aprumados em sua libré preta e branca, dois filhos por lar junto do papai e da mamãe, escondem-se costumes inconfessáveis, revelados em um estudo publicado no *The Auk,* revista científica de ornitologia. Monógamos, esses pássaros que não voam aproveitam o curto verão da Antártica para se reproduzir. Para isso, o macho e a fêmea começam construindo um ninho no chão, com pedras pequenas. Essa plataforma permitirá que os dois futuros ovos se mantenham em local seco quando o gelo derreter. Mas, tanto na Terra Adélia como nas outras colônias situadas por todo o perímetro do continente, essas pedras são raras e valem ouro.

O que não faríamos para conseguir mais! Aqueles que ousam invadir o ninho do vizinho são perseguidos, muito insultados e atacados com grandes golpes de bico e de asas. Assim, algumas fêmeas utilizam uma estratégia que alguns chamariam de prostituição. As belas começam a observar um macho solitário. Enquanto espera por sua amada e também para atraí-la, o macho construiu um ninho de amor. Chega uma fêmea. Ela já faz parte de um casal, mas como os pinguins não usam aliança e não têm certidão de casamento, é difícil saber disso. Uma conversa para quebrar o gelo: bom dia, bom dia, você é linda, você joga no time de futebol? E, sem mais delongas, a fêmea deita-se de bruços, sob o bico do macho, que pensa que seu dia de sorte chegou. Segue-se o que você está imaginando, uma cena que foi censurada em *Happy Feet: O Pinguim*.

E, então, a fêmea se levanta, pega uma pedra como recompensa e volta para terminar seu ninho, onde a espera seu marido traído, amante ou cafetão, isso depende do ponto de vista. Muitas vezes, a bela volta ao local de sua aventura extraconjugal para buscar uma segunda pedra (mas sem se oferecer novamente), como se a tarifa fosse "uma transa = duas pedras, meu querido"... Os autores do estudo observaram até uma fêmea cobrar sua parte não menos de dez vezes: "me dê sua carteira, eu mesma pego, assim vai mais depressa". A cada vez, o macho deixou que ela fizesse isso sem reclamar, sem dúvida contente com a sorte que lhe permitiu perpetuar seus genes sem ter de cuidar das crianças! Os autores do estudo se perguntaram se todos não ganham com essa história: o casal porque conseguiu as pedras para seu ninho e, portanto, aumentou as chances de sobrevivência de sua futura ninhada, e o macho solitário porque, mesmo perdendo algumas pedras, ele talvez tenha uma descendência a baixo preço.

Mas ainda tem mais. Algumas aves de pouca virtude vêm passear perto de sua vítima, começam uma sessão de paquera, bom dia, bom dia, nunca lhe disseram que deveria ser presidente do conselho na Itália? No entanto, em vez de se deitar, elas preferem pegar uma pedra bem na frente do macho inocente, que fica sem reação, como se fosse normal pagar por ter tido a esperança de encontrar um chinelo velho para seu pé cansado. Os pesquisadores

PIERRE BARTHÉLÉMY

observaram esse comportamento com dez fêmeas diferentes, mas uma delas chamou especialmente a atenção deles, pois, em apenas uma hora, ela retirou 62 pedras do ninho de sua vítima, sem que ele tivesse mexido uma asa, e as levou para o seu ninho que, necessariamente, ficava nas proximidades...

Dito isso, essa estratégia implica alguns riscos. Nem sempre é possível provocar impunemente o macho, especialmente quando ele acabou de sair do oceano glacial antártico. Em algumas raras ocasiões, os ornitólogos viram um macho saltar sobre a fêmea quando esta se abaixou para pegar a pedra. Será que ele confundiu a postura da senhora pinguim com a saudação que precede a cópula? Será que ele tomou essa invasão em seu território como um convite ao ato sexual? O fato é que, em todas essas vezes, a fêmea se debateu e não deixou que o macho fizesse o que pretendia.

Qualquer semelhança com pessoas vivas ou mortas não passa de pura coincidência.

Maio de 2011

In utero: *a criança começa a aprender a linguagem no ventre da mãe*

Aprendemos em qualquer idade. Inclusive antes de vir ao mundo? Para os pesquisadores que se interessam pela aquisição da linguagem, os sinais nesse sentido têm se multiplicado no decorrer dos últimos anos. Sabemos agora que, graças aos sons que chegam ao interior do útero, o recém-nascido analisou e decodificou um certo número de informações: ele reconhece (e prefere) a voz da mãe, a voz genérica da novela que ela assistiu durante toda a gravidez, mas também, falando mais sério, as inflexões daquela que será sua língua materna. Uma equipe demonstrou, em 2009, que a doce melodia do choro do lactente foi moldada por essa língua materna.

Todos esses sinais fazem pensar que o cérebro do feto é capaz de decodificar a linguagem e memorizar alguns elementos. Toda a dificuldade consiste em confirmar essa hipótese, e foi isso que uma equipe de pesquisadores finlandeses e holandeses fez e publicou o resultado do estudo no *Proceedings of the National Academy of Sciences* (Estados Unidos).

Para isso, eles recrutaram trinta casais que esperavam o feliz acontecimento. Metade dos participantes recebeu um CD contendo uma gravação de oito minutos, durante os quais uma palavra inventada, com três sílabas (tatata), era repetida centenas de vezes, com duas variantes. A primeira era uma mudança de vogal (ta-

PIERRE BARTHÉLÉMY

tota), a segunda era uma entonação diferente na segunda sílaba. Tudo isso era entremeado por trechos musicais sem palavras.

As futuras mamães deviam seguir instruções muito simples: depois da 29ª semana de gestação (a partir da qual o sistema auditivo do feto começa a funcionar) e até o final da gravidez, elas ouviam o conteúdo do disco de cinco a sete vezes por semana, de preferência sempre na mesma hora do dia. Durante esse breve período, elas não deviam nem falar nem cantar. Em média, o "tatata", sob suas diversas formas, foi ouvido mais de 25 mil vezes pelos fetos durante esse aprendizado. Só restava esperar os nascimentos. Nos dias que se seguiram ao parto, os pesquisadores fizeram um eletroencefalograma nos lactentes, observando a reação de seu cérebro ao escutar uma gravação que continha os famosos "tatata". A experiência provou que os bebês que haviam seguido o treinamento reconheciam a palavra inventada e suas variantes, enquanto as crianças do grupo de controle não conseguiam fazer isso.

Esse trabalho não só forneceu um protocolo sólido para detectar, imediatamente depois do nascimento, as lembranças que marcaram os bebês durante a vida intrauterina, mas demonstrou também que o bebê começa a aprender a linguagem no ventre da mãe. Os autores do estudo destacam que a permeabilidade do cérebro do feto aos sons é uma faca de dois gumes: "Se um feto é exposto a ambientes barulhentos ou a ambientes cujos sons não sejam estruturados, por exemplo, no local de trabalho da mãe grávida, essa experiência pode provocar no lactente uma organização aberrante das estruturas centrais de seu sistema auditivo, o que poderá, em seguida, afetar sua percepção e sua aprendizagem da linguagem". Esses pesquisadores aconselham, portanto, que se preste atenção ao ambiente sonoro da criança, mesmo quando ela ainda não é visível, antes do nascimento.

Agosto de 2013

Iogurte: é preciso acabar com os ômega-3?

Não se passa um mês sem que um estudo venha nos anunciar os méritos dos ômega-3, esses famosos ácidos graxos que encontramos em alguns peixes e óleos vegetais. A revista *Neurology* mostrou, durante um acompanhamento de mulheres em pós-menopausa já há vários anos (e, portanto, em uma idade relativamente avançada), a seguinte correlação: nas pessoas que apresentam uma taxa sanguínea de ômega-3 elevada, o cérebro e o hipocampo apresentam um volume maior do que naquelas com uma taxa baixa. Lembremos que a atrofia cerebral é uma manifestação da idade que frequentemente está associada a demências como o mal de Alzheimer e a deterioração das funções cognitivas. Lembremos também que uma correlação não indica necessariamente uma relação de causa e efeito e, a esse respeito, menciono a ligação entre consumo de chocolate e assassinos em série... De qualquer modo, esse estudo provocou a publicação de artigos mais ou menos prudentes na grande imprensa, com títulos como "Os peixes ajudam o cérebro a envelhecer melhor" (*Top Santé*) ou "Os efeitos do peixe sobre o cérebro: será que comer peixe o protege do mal de Alzheimer?" (*USA Today*).

Tudo isso não seria nem um pouco interessante se, para retomar nossa primeira questão, conseguisse passar um mês sem que um estudo viesse colocar em dúvida os méritos dos ômega-3. O mais "divertido", no caso presente, é que algumas vezes são os mesmos autores que, a partir dos mesmos acompanhamentos epidemiológicos, publicam estudos contraditórios. E, é claro, nas mesmas revistas! Os artigos da mesma equipe se sucedem na *Neurology* (alguns nomes diferem, mas a maioria dos autores participou dos dois trabalhos) para concluir pela ausência de vínculo entre a taxa sanguínea dos ômega-3 e o declínio das funções cognitivas entre as mulheres idosas. Poderíamos achar que os dados provêm de duas

PIERRE BARTHÉLÉMY

fontes diferentes, pois um artigo fala do projeto *Women's Health Initiative Memory Study* (Whims) e o outro do projeto *Women's Health Initiative Study of Cognitive Aging* (Whisca). Mas, na verdade, Whisca é um ramo de Whims...

Indo além dessa contradição, que talvez se deva apenas à corrida para a publicação, o famoso "publicar ou perecer!", surge uma questão: é preciso acabar com os ômega-3 dos quais ouvimos falar já há trinta anos? Antes de continuar, é preciso explicar brevemente como os ácidos graxos apareceram no primeiro plano da cena biomédica, para grande alegria dos que vendem suplementos alimentares. Voltemos, portanto, aos anos 1970, quando pesquisadores dinamarqueses, trabalhando com as populações inuítes da Groenlândia, perceberam que elas estavam muito pouco sujeitas às doenças cardiovasculares, o que foi atribuído aos ômega-3, pois o regime alimentar delas era rico em peixes gordos. Essa constatação foi confirmada pouco depois com um estudo japonês realizado com algumas dezenas de habitantes da ilha de Kohama, que apresentavam as mesmas características dos inuítes da Groenlândia. Depois disso, numerosos trabalhos começaram a identificar todo tipo de benefícios proporcionados pelos ômega-3, tanto para o sistema cardiovascular, quanto para o cérebro e também em relação ao câncer. Esses ácidos graxos assumiram uma falsa imagem de panaceia.

Depois, o vento mudou. E a indústria dos ômega-3, mais que por um ou outro estudo específico que não tenha conseguido encontrar benefício em seus produtos, foi abalada principalmente pelas meta-análises que foram realizadas. Uma meta-análise é uma técnica que permite fazer a síntese dos estudos publicados sobre um assunto preciso, com uma potência estatística bem superior. Assim, em 2006, apareceu um trabalho desse tipo no *Journal of the American Medical Association* (JAMA), que reagrupou 38 artigos

CIÊNCIA DE A A X

que examinavam os efeitos dos ômega-3 sobre a incidência de diferentes tipos de câncer. No total, a base de dados perfazia mais de 700 mil pessoas. Conclusão: "Não existe quase nada que sugira que os ácidos graxos ômega-3 reduzam o risco de um tipo específico de câncer", dizia o estudo, que assim considerava inútil tomar suplementos alimentares à base de ômega-3 com esse objetivo.

Finalmente, em setembro de 2012, a ciência voltou ao ponto de partida da história: influência desses ácidos graxos sobre a ocorrência de patologias cardiovasculares. Uma outra meta-análise, também publicada no JAMA, sintetizou os resultados de vinte estudos, reagrupando mais de 68 mil indivíduos. E não viu o menor efeito da suplementação com ômega-3 sobre as mortes súbitas cardíacas, os infartos do miocárdio ou os acidentes vasculares cerebrais (AVC)... Bom, evidentemente, os produtores industriais de suplementos alimentares e os vendedores de livros sobre os milagres do ômega-3 usaram sua artilharia pesada para denunciar um estudo cheio de defeitos, segundo eles, destacando oportunamente trabalhos científicos que confirmavam o "bom" senso, isto é, o deles mesmos.

O mais grave nessa história, sem dúvida, não está aqui, pois se os ômega-3 não fazem bem, eles também não fazem mal (até prova em contrário...). Há dois desdobramentos mais graves: por um lado, numerosos estudos viram efeitos ou correlações não confirmados em seguida e, por outro lado, alimentamos a ideia, bem enraizada em nós, de que existem "superalimentos", moléculas extraídas da alimentação que, colocadas em cápsulas, agirão sobre nós como elixires, sem que mudemos mais nada em nosso modo de vida. Óleo de fígado de bacalhau ontem, ômega-3 hoje, resveratrol (no vinho tinto...) ou ainda extrato de *getto*, uma planta japonesa. É disso que vivem as empresas produtoras de complementos "nutricionais" e é isso que vendem as revistas que não dão muita

PIERRE BARTHÉLÉMY

importância ao valor real dessas moléculas "milagrosas". Será que, no fundo, existem tantas diferenças entre nossa crença nessas moléculas supostamente validadas pela ciência e o interesse da medicina tradicional chinesa pelo pó de chifre de rinocerontes?

Janeiro de 2014

J de...

Jardim: será que as plantas ouvem?

Aqueles que, como eu, gostam de Franquin, provavelmente se lembram daquela tirinha deliciosa em que Gaston Lagaffe, pensando que as plantas são sensíveis à música e querendo aumentar o bem-estar de um pé de hera, decidiu tocar uma pequena ária. Mas às primeiras notas horríveis emitidas pelo tristemente famoso *gaffophone*, a planta tentou fugir pela janela aberta... O que diz a tirinha é que o som desse instrumento criador de catástrofes deve realmente ser horrível se "nem mesmo um vegetal" consegue suportá-lo. No entanto, é preciso que as plantas não sejam surdas como seus vasos e possam perceber vibrações sonoras.

A ideia de comunicação no mundo vegetal foi, por muito tempo, considerada marginal (ou mesmo inexistente), quando não era ridicularizada. Há algumas décadas, essa visão evoluiu e os pesquisadores puderam constatar que a comunicação entre as plantas podia tomar diversas formas e ser feita sob a terra, por meio das raízes, e também pelas partes aéreas, pois as plantas dispõem, por exemplo, de receptores para os compostos orgânicos voláteis emitidos por outras plantas. Assim, elas são capazes de perceber as de sua espécie, o que evita que elas as considerem como competidoras e gastem inutilmente recursos lutando contra elas. Diversos estudos também mostraram que, em caso de ataques por herbívoros, alguns vegetais enviam sinais químicos que, uma vez captados por suas vizinhas, as ajudam a colocar em prática estratégias de defesa, o que faz lembrar o filme *Sinais* de M. Night Shyamalan. Sabe-se também que os receptores de luz das plantas são aperfeiçoados o suficiente para que estas reconheçam o comprimento das ondas reenviadas pelas plantas que as ladeiam, o que lhes dá informações sobre seu ambiente e a presença de possíveis competidoras. Perceba-se que não é preciso ter olhos para ver...

Em um estudo publicado pela *PLoS ONE*, uma equipe ítalo--australiana buscou explorar todos os modos de comunicação possíveis entre duas plantas, a pimenta e o funcho. Este último tem, de fato, a propriedade de emitir intensos sinais químicos pelas raízes e pelas partes aéreas, que inibem o crescimento de alguns de seus vizinhos (como os tomates e as pimentas), isso quando não os matam. Os pesquisadores empregaram um dispositivo experimental simples, mas engenhoso, para testar suas hipóteses.

No meio, um cilindro transparente continha um pé de funcho em um vaso. Ao redor dele, havia placas de pétri contendo grãos de pimenta (para estudar a velocidade da germinação) e também plantas jovens de pimentas em vasos (para observar o crescimento da planta). O conjunto era fechado em uma caixa com duas paredes entre as quais havia vácuo, a fim de impedir que algum sinal exterior pudesse interferir na experiência. Esta consistia em testar várias condições: ou o cilindro que continha o funcho ficava aberto, o que permitia que seus compostos orgânicos voláteis se espalhassem; ou ele ficava fechado hermeticamente, o que bloqueava essa comunicação química, mas não impedia que o funcho permanecesse "visível" para a pimenta, isto é, ele podia lhe reenviar uma parte bem precisa da luz incidente; ou a caixa estava vazia (o que servia de controle); ou ela estava coberta por um revestimento preto (para cortar a comunicação luminosa) e fechada com o funcho no interior; ou, por fim, ela estava coberta e vazia, a fim de permitir a medida do revestimento preto isoladamente.

O resultado mais surpreendente dessa experiência (feita com um total de seis mil grãos) se refere às duas últimas condições. Tanto os grãos quanto as mudas de pimenta reagiram de modo diferente dependendo se o funcho estava ou não dentro da caixa coberta. Quando o funcho estava na caixa, os grãos se apressavam a germinar e as mudas eram maiores, comportamento característico da planta quando em situação de competição. Quando a caixa, opaca e fechada, estava vazia, grãos e plantas tinham um compor-

PIERRE BARTHÉLÉMY

tamento normal. À sua maneira, esse resultado evoca um *remake* botânico do livro *Mystère de la chambre jaune*: como diabos, sem perceber o menor sinal químico ou luminoso e sem contato físico, a pimenta sabia quando a caixa preta estava vazia e quando ela continha um competidor? De duas uma: ou havia um defeito nos quinze dispositivos experimentais (ou em uma parte deles), que deixava "escapar" sinais químicos, ou um modo de comunicação desconhecido estava atuando.

Na conclusão de seu estudo, os pesquisadores aventaram duas hipóteses para essa última possibilidade. Primeira possibilidade, como as plantas são sensíveis ao campo magnético terrestre, será que também são capazes de perceber um campo magnético muito fraco que emanava da planta oculta? Segunda possibilidade, que os autores parecem preferir: o som. Sabemos evidentemente que os vegetais produzem ruídos, que não são mais do que estalidos e sussurros. Toda a questão é saber se eles têm como percebê-los. Essa experiência poderia acrescentar um novo elemento ao estudo, com a condição de considerar que a pimenta, sob suas diferentes formas, percebeu as ondas sonoras emitidas pelo funcho e, consequentemente, apressou seu crescimento como para se fortalecer diante da competição dessa planta, ou mesmo prever a chegada de suas moléculas químicas nocivas. A sensibilidade das plantas ao som é um assunto de estudo pouco explorado, mas que tem chances de se desenvolver, especialmente depois que uma experiência realizada pela mesma equipe e publicada na revista *Trends in Plant Science* demonstrou que, na presença de um som contínuo emitido em frequências entre duzentos e trezentos hertz, as raízes das plantas jovens de milho cultivadas na água tinham claramente a tendência de se virar na direção da fonte sonora. Digamos que a hera de Gaston Lagaffe só se enganou de direção...

Junho de 2012

Jurassic Park: *devemos ressuscitar as espécies desaparecidas?*

Você já ouviu falar do *Rheobatrachus silus*? Não é nada surpreendente se a resposta for não, pois essa espécie australiana de rã, também chamada na França de "rã com incubação gástrica", é considerada extinta desde 1983, data em que morreu o último espécime mantido em cativeiro. No entanto, o animal se revela fascinante, por duas razões. A primeira deve-se a seu modo de incubação muito particular: depois de pôr os ovos, a fêmea os engolia e os mantinha abrigados em seu estômago, onde eles cresciam durante cerca de um mês e meio. Durante todo esse período, a rã não comia, e o estômago dela parava de produzir o ácido clorídrico, que, de outra forma, digeriria os ovos. Por fim, a rã dava à luz... pela boca.

A segunda razão por que falamos da *Rheobatrachus silus* hoje se chama projeto Lazare (como o Lázaro que Jesus ressuscitou no Novo Testamento). Por trás desse nome em código se encontra a ideia de pesquisadores australianos de trazer à vida essa espécie de rã desaparecida. Como? Mesmo que seus últimos representan-

PIERRE BARTHÉLÉMY

tes tenham falecido há muito tempo, alguns foram conservados sob congelamento. Portanto, teoricamente é possível cloná-los. A experiência consistiu assim em transferir os núcleos de células mortas de *Rheobatrachus silus,* núcleos portadores do material genético do animal, para ovos de outra espécie de rã australiana cujos núcleos foram retirados, esperando que o maquinário celular voltasse a funcionar. Foi isso que aconteceu, mesmo que não tenha durado muito tempo. Os embriões obtidos não sobreviveram mais do que alguns dias.

O mesmo tipo de experimento já havia sido tentado, em 2003, com um mamífero, o íbex-dos-pireneus, cuja última representante havia morrido três anos antes, atingida por uma árvore. Dos cerca de cinquenta núcleos de suas células transplantados para óvulos de cabras, apenas um chegou ao fim do percurso. Uma pequena íbex--dos-pireneus fêmea nasceu, mas a ressurreição da espécie durou apenas poucos minutos. Mal saída do ventre de sua mãe de aluguel, a cabritinha morreu por causa de uma má formação pulmonar, o que evidencia a dificuldade da técnica de clonagem por transferência de célula somática adulta que se tornou célebre graças à ovelha Dolly.

Mas a clonagem é apenas uma das três soluções atualmente consideradas para fazer voltar à vida as espécies desaparecidas. Para explicar resumidamente, uma segunda técnica, chamada de engenharia genética, consiste em sequenciar o genoma de um animal extinto e inserir, no genoma de uma espécie próxima que ainda esteja viva, os pedaços de DNA que o tornam único. Quanto à terceira abordagem, ela só funciona se a espécie desaparecida deixou uma ou duas espécies "filhas", por exemplo, os auroques, ancestrais dos bovinos domésticos que conhecemos. Nesse caso – e é assim com os auroques, objetivo do programa holandês Tauros –, utilizamos métodos tradicionais de criação de animais, cruzando

136

indivíduos que mais expressam as características físicas do ancestral. Um tipo de seleção em direção ao passado que pode ser guiada pela genética: se dispusermos do genoma da espécie desaparecida, é possível verificar, conforme ocorrem os cruzamentos, se o genoma dos indivíduos obtidos se aproxima ou não do genoma-alvo.

Mesmo que não nos arrisquemos a ter um novo *Jurassic Park*, já que, 65 milhões de anos depois do desaparecimento dos dinossauros, não temos a menor chance de reconstituir o DNA completo de um T-Rex, alguns pesquisadores sonham em dar nova vida a algumas espécies recentemente varridas da superfície da Terra. Esse processo de renascimento é chamado de "desextinção". O mamute, o dodô ou o tigre-da-tasmânia talvez sejam Lázaros ainda ignorados... Mesmo que não seja nova, a temática da desextinção toma uma direção empolgante com as possibilidades reais oferecidas pela ciência atual. De onde surge um certo número de questionamentos sobre seu interesse e sobre as vantagens e os inconvenientes que o renascimento de espécies mortas há centenas ou milhares de anos traria para o planeta de hoje.

Todas essas questões foram resumidas por dois pesquisadores da Universidade Stanford (Estados Unidos), Jacob Sherkow e Henry Greely, em um artigo publicado pela revista *Science*. Na coluna de "riscos e objeções", eles listam cinco elementos. Inicialmente, o bem-estar animal, pois como se viu com o exemplo do íbex-dos-pireneus (e também com Dolly), a técnica da clonagem criou indivíduos que estão sujeitos a sofrer diversas patologias. Em seguida vem o risco sanitário: as espécies ressuscitadas podem se revelar excelentes vetores para determinados patógenos ou então possuir, em seu genoma, retrovírus endógenos potencialmente perigosos... Também pode ocorrer que, no ambiente atual, essas espécies antigas se comportem como espécies invasivas e coloquem em perigo outras espécies frágeis! Existe outro risco ecológico mais sutil: que a possibilidade de ressuscitar à vontade uma espécie possa levar a um relaxamento ou mesmo ao fim das políticas de proteção das espécies ameaçadas. Por que se esforçar para salvar o urso-polar se podemos recriá-lo quando quisermos? Por fim, há um tipo de objeção moral: ressuscitar uma espécie extinta equivaleria aos pesquisadores agirem como Deus. Mike Archer, um dos cientistas envolvidos no projeto Lazare, já pôs por terra esse argumento quando disse: "Creio que nós já brincamos de Deus quando exterminamos esses animais".

Realmente, na lista de "benefícios", compilada por Sherkow e Greely, encontramos, entre cinco novos argumentos, o da "justiça": se seria justo trazer de novo à vida apenas as espécies que exterminamos. Além disso, os pesquisadores poderiam estudar novas espécies ou até mesmo descobrir, por exemplo, nas plantas desaparecidas, princípios ativos úteis para a medicina. Terceira vantagem: os avanços tecnológicos que faríamos com o desenvolvimento da engenharia genética. Também podemos prever um benefício na reintrodução da biodiversidade antiga em ambientes ameaçados ou empobrecidos. Por fim, há o que poderíamos chamar de "efeito uau!". Imagine a sensação ao ver mamutes de carne, osso e pelos (e não mais personagens de desenhos animados) passeando pelas estepes...

A desextinção traz igualmente questões jurídicas inesperadas, explicam Jacob Sherkow e Henry Greely. Se pensarmos na aplicação das leis e regulamentações referentes às espécies ameaçadas, poderemos nos perguntar se as espécies recriadas seriam ou não passíveis de... patentes! O debate a respeito da patenteabilidade dos seres vivos está longe de estar resolvido e bem pode ser que vejamos a chegada de Mamutes® ou de Dodôs®... Por fim, a última questão, que não é a menos importante: até onde ir na desextinção? Isso deve ser previsto no plano legal? Quais são os limites

CIÊNCIA DE A a X

e quem deve defini-los? O artigo da revista *Science* não diz isso, mas é evidente que, na longa lista de desaparecidos ressuscitáveis, figura em lugar de destaque uma espécie que nos é particularmente cara, com a qual numerosos pesquisadores trabalham em todo o mundo, da qual acabou-se de concluir um sequenciamento de genoma de alta qualidade e cujo renascimento traria insondáveis problemas éticos: o homem de Neandertal...

Abril de 2013

K de...

Kafkaniana: a ciência que quer prever os crimes

É uma história que os responsáveis pela polícia de Los Angeles, a famosa LAPD, gostam de contar. Há alguns anos, quando um furacão se dirigia para a Flórida, o maior varejista mundial, Walmart, decidiu enviar para os supermercados desse estado norte-americano estoques suplementares de Pop-Tarts de morango. Qual a relação com o furacão? Os programas de análise da Walmart tinham detectado que, em casos de catástrofes naturais, os clientes compravam mais desses biscoitos recheados. E qual a relação com a LAPD? A polícia de Los Angeles quis imitar a Walmart e utilizar um programa de análise que lhe permitisse enviar não biscoitos recheados de morango, mas agentes para os locais em que podem ocorrer os futuros crimes e delitos...

A previsão de crimes parece cada vez menos com a ficção científica, mas não podemos deixar de lembrar do filme de Steven Spielberg *Minority Report* (adaptado do livro de mesmo nome de

Philip K. Dick), no qual três mutantes dotados de presciência, os "précogs", avisam um órgão do governo cada vez que um crime será cometido, o que leva à prisão dos assassinos potenciais antes que eles ajam. Na realidade, a polícia de Los Angeles usa um programa de "polícia preditiva" que se baseia em estatísticas criminais, um instrumento elaborado no contexto do projeto MASC (*Mathematical and Simulation Modeling of Crime*), que reúne matemáticos, antropólogos, criminologistas e policiais na Universidade da Califórnia em Los Angeles.

O objetivo principal do MASC consiste em desenvolver modelos numéricos que descrevam os movimentos dos criminosos e a maneira que eles escolhem seus alvos, utilizando sistemas de informações geográficas. "Os derrotistas querem nos convencer de que os seres humanos são complexos demais e criativos demais para que esse tipo de cálculo possa ser feito", declarou em 2010 ao *Los Angeles Times* o antropólogo Jeffrey Brantingham, um dos responsáveis pelo MASC. "Mas os seres humanos não são tão criativos assim. Em certo sentido, o crime é apenas um processo físico e, se pudermos explicar como os criminosos se deslocam e como se misturam a suas vítimas, poderemos compreender muitas coisas."

Para dar um exemplo, os assaltos a casas são parcialmente previsíveis, pois as estatísticas mostram que, depois de uma casa ter sido "visitada", o risco de que as residências vizinhas também sejam aumenta, como ocorre com os abalos secundários depois de um terremoto. Portanto, os serviços de polícia têm todo o interesse em organizar rondas no bairro durante os dias que se seguem ao assalto inicial. Para fazer baixar a criminalidade, muitas cidades norte-americanas estudam ou já utilizam esse tipo de programas. Seattle, no estado de Washington, foi a mais recente a seguir essa tendência; o prefeito e o chefe de polícia anunciaram, no final de fevereiro, que haviam comprado o mesmo programa usado pelo departamento de polícia de Los Angeles.

O uso de dados numéricos pelos pesquisadores a fim de prever crimes e delitos não se limita apenas à exploração das estatísticas policiais. Assim, em 2012, foi publicado na revista *Lecture Notes on Computer Science* um estudo conduzido por pesquisadores norte-americanos da Universidade de Virgínia, que explicavam ter usado um programa para analisar os textos de mensagens curtas enviadas no Twitter em relação à circulação de automóveis para prever os lugares onde iriam acontecer acidentes com delitos de fuga! Uma das dificuldades do exercício foi ensinar à máquina o sentido das palavras usadas pelos autores das mensagens.

Todos esses programas não têm a ambição de adivinhar o comportamento posterior de tal ou qual indivíduo. Mas, o FAST tem. Essa sigla significa *Future Attribute Screening Technology*, que poderia ser traduzido como "Tecnologia de vigilância dos atributos futuros". Inspirado diretamente pelos atentados de 11 de setembro de 2001, o FAST está sendo desenvolvido pelo departamento de segurança interna dos Estados Unidos. Ele se baseia no conceito de "má intenção", na intenção de fazer o mal. Isso consiste em dizer que uma pessoa que deseje perpetrar um ato terrorista terá um comportamento anormal porque terá de ocultar sua intenção das autoridades, por exemplo, em um aeroporto, o que se refletiria no plano fisiológico.

Mesmo que o conceito, também utilizado nos detectores de mentiras, seja controverso, o FAST desenvolve receptores que podem avaliar o ritmo cardíaco e a respiração das pessoas que passam pelos pontos de controle, seguir a dilatação e a contração das pupilas, vigiar a temperatura e as expressões faciais, analisar as mudanças de postura e detectar as pequenas diferenças na altura da voz. Tudo isso a distância, sem que o público saiba que está sendo ob-

Ciência de A a X

servado. E se o FAST decidir que você parece ter algo repreensível, logo aparecerá alguém para levá-lo para ser interrogado. Em testes realizados com voluntários, o FAST obteve uma eficácia superior a 70%. Em maio de 2011, a revista *Nature* revelou que um teste em grande escala havia sido feito em um local público em algum lugar no nordeste dos Estados Unidos.

Esse passeio pelas ciências e pelas técnicas aplicadas à previsão de crimes não estaria completo se não lembrássemos de um artigo que acabou de ser publicado nos Estados Unidos no *Proceedings of the National Academy of Sciences* e graças ao qual nos demos conta de que, depois de fazer parte de estatísticas criminais gerais, depois de ter se aproximado das pessoas examinando seus sinais exteriores de periculosidade, a polícia preditiva também está entrando nos cérebros. A equipe norte-americana que publicou esse estudo realizou uma IRM em cerca de cem detentos que estavam para serem liberados, concentrando-se em uma zona bem específica do cérebro, o córtex cingulado anterior (CCA), uma região sabidamente envolvida no controle de emoções, agressividade, empatia e detecção de erros. Esses pesquisadores mediram o grau de atividade do CCA nesses homens... e ficaram à espera. Ao final de quatro anos, os pesquisadores examinaram quantos haviam sido presos novamente e depois de quanto tempo haviam voltado ao crime. Esses dados foram correlacionados com os resultados das IRM, e se constatou que os detentos cujo CCA era menos ativo tinham maior probabilidade de "recair" e de que isso acontecesse antes do que com os outros.

Pode-se imaginar muito bem como, no contexto de um debate a respeito da volta ao crime, um estudo como este pode ser usado para fazer com que os detentos julgados pela ciência como os mais "suscetíveis" a retomar uma carreira criminosa acabem por ficar o máximo de tempo possível atrás das grades. Os autores do estudo, por sua parte, assumiram uma postura muito prudente, afirmando que esses resultados precisam ser reproduzidos e que, mesmo quando se revelarem sólidos, é mais do que difícil deduzir o comportamento posterior de um indivíduo específico a partir de estatísticas obtidas com um grupo. Talvez, ao escrever isso, eles tenham se lembrado da trama de *Minority Report* em que o herói, protagonizado por Tom Cruise, demonstra que os "précogs" não são infalíveis. O programa governamental de previsão do crime é interrompido e todos os "pré-criminosos" aprisionados sem terem "ainda" feito nada são liberados. Resta saber até que ponto a ciência vai se aproximar da ficção científica.

Abril de 2013

Kamikaze: *qual a probabilidade de um novo 11 de setembro?*

Os atos terroristas podem ser estudados matematicamente. Ao menos, essa é a opinião de Aaron Clauset. Há alguns anos, esse pesquisador da Universidade do Colorado analisa um imenso banco de dados que, no decorrer do período de 1968 a 2007, compilou 13.274 atentados assassinos pelo mundo. Para esse pesquisador apaixonado por sistemas complexos, que investiga as estruturas matemáticas ocultas nos conflitos humanos, a máquina infernal do terrorismo se traduz em fórmulas, modelos e pontos distribuídos ao longo de curvas. Em um artigo publicado no *The Journal of Conflict Resolution,* Aaron Clauset, auxiliado por dois colegas, Maxwell Young e Kristian Skrede Gleditsch, demonstrou que as ações terroristas elencadas nesse banco de dados seguem uma lei de potência: um atentado é tanto menos frequente quando faz muitas vítimas.

Isso parece evidente, mas ainda precisa ser verificado. O mesmo tipo de lei é encontrado e utilizado pelos pesquisadores que trabalham com terremotos, incêndios florestais, avalanches ou as quedas da bolsa de valores. Portanto, podemos *a priori*, em uma dada circunstância, avaliar a probabilidade de que um ou mais atentados mais ou menos sangrentos venham a ocorrer.

Toda a dificuldade do exercício, que interessa de perto aos políticos e militares do outro lado do Atlântico, é saber se os acontecimentos extremos seguem essa mesma tendência. Ou seja, saber se os atentados de 11 de setembro de 2001, que mataram cerca de 3 mil pessoas nos Estados Unidos, estão nessa mesma curva; se é possível estimar retrospectivamente sua probabilidade em função do contexto da época; ou se eles constituem o que os estatísticos chamam de "dados aberrantes", acontecimentos completamente improváveis. O 11 de setembro, por seu caráter excepcional, por ter matado cinco vezes mais pessoas do que o "segundo colocado" no pódio do horror (o atentado de 14 de agosto de 2007 na cidade iraquiana de Sinjar: 572 mortos), é um bom teste para os modelos.

Em um artigo publicado online no site de pré-publicações científicas *arXiv*, Aaron Clauset e Ryan Woodard abordam a questão com um algoritmo que criaram, que se revelou surpreendentemente robusto: funcionou corretamente em relação às quatro décadas cobertas pelas estatísticas, mesmo que no decorrer desse longo período o terrorismo tenha mudado de rosto e de modo de ação, especialmente com o surgimento dos atentados suicidas e o aumento de sua força. Voltando a 11 de setembro, os dois pesquisadores rodaram quatro modelos diferentes. O resultado dá um pouco de frio na barriga. Segundo os modelos, havia, nas últimas quatro décadas, entre 11% e 35% de risco de que tal acontecimento ocorresse. Um valor "desconfortavelmente elevado", observam os autores. Mesmo no "melhor" dos casos, a probabilidade está longe do zero e, para esses pesquisadores, o 11 de setembro não constitui, de modo algum, um "dado aberrante".

Obrigatoriamente, nesse tipo de estudos, sempre se coloca a questão do futuro. Qual é a probabilidade de que assistamos, durante a próxima década, a um atentado de igual amplitude, ou até mesmo mais grave? Aaron Clauset e Ryan Woodard testaram três hipóteses diferentes. A primeira, otimista, baseia-se na paz no Iraque e no Afeganistão, onde ocorrem muitos atentados, e em um número anual de atos terroristas limitado a quatrocentos (metade do período de 1998 a 2002). A segunda hipótese considera que o número de atentados se mantenha no nível de 2007, ou seja, 2 mil por ano. A terceira, muito pessimista, vê esse número subir expressivamente e chegar a 10 mil. No primeiro caso, o risco de assistir a um atentado equivalente ao de 11 de setembro é relativamente baixo, de 4% a 12%. No segundo, o risco situa-se entre 19% e 46%, ou seja, maior do que o de 11 de setembro. No terceiro e último caso, o do recrudescimento mundial do terrorismo, o risco se situa entre 64% e 94%: quanto mais frequentes forem os ataques terroristas no planeta, maior será a probabilidade de se assistir a pelo menos um acontecimento de grande amplitude.

Os dois autores têm consciência de que seus intervalos são grandes e dão pistas para refiná-los: introduzir elementos de contexto geopolítico, dados sobre o acesso às tecnologias, sobre a demografia, sobre a luta contra o terrorismo etc. Aaron Clauset e Ryan Woodard reconhecem também que seu algoritmo não indica os locais onde existe risco de ocorrer os maiores atentados, mas eles pretendem preencher, pelo menos parcialmente, essa lacuna, incorporando uma grade geográfica com uma malha cada vez mais fina no decorrer do tempo, conforme fazem os sismólogos.

Resta um último problema, apenas subentendido no estudo. As curvas apresentadas não param em acontecimentos com 3 mil vítimas, como o 11 de setembro. Elas continuam. Podemos perguntar: o que seria pior do que o 11 de setembro? Aaron Clauset responde assim: "O perigo está essencialmente na energia nuclear. Está completamente no domínio do possível que, no decorrer dos próximos cinquenta anos, uma pequena bomba atômica exploda em alguma parte do mundo durante um ataque terrorista". Até o momento, Aaron Clauset não calculou ainda o percentual de probabilidade.

Setembro de 2012

L de...

Lapônia: o Papai Noel está doente?

Cada vez que o vejo passar, em seu trenó voador, com seu grande casaco vermelho, eu me pergunto: qual é o índice de massa corporal do Papai Noel? Esse homem corajoso nunca teve tempo de se deixar pesar nem medir, mas acho, pela sua silhueta, que seu IMC é mais alto que 25, ou mesmo mais que trinta, o que torna esse barbudo, com faces rosadas pelo frio, um candidato ideal para um regime. Infelizmente, o Papai Noel está ocupado demais para ir a uma consulta com um nutricionista, e será preciso refletir um pouco para compreender as causas de sua obesidade. Pois, reconheçamos, o Papai Noel come demais, principalmente coisas muito gordurosas, e, além disso, ele só se exercita em um único dia por ano.

Vamos examinar a alimentação dele por um instante. Não é segredo para ninguém, nem mesmo para as crianças pequenas, que o Papai Noel mora em algum lugar no círculo polar ártico, não muito longe do polo norte. Até o momento, a WikiLeaks não divulgou as coordenadas geográficas exatas da casa dele, mas isso não deve demorar. Nessa região do mundo, poucas coisas crescem, e é por esse motivo que o Papai Noel se alimenta essencialmente de carne e de peixe, pois seu orçamento para "vegetais" é gasto quase integralmente com a forragem de suas renas.

Portanto, o que se pode comer nessa região? No que diz respeito aos pescados, seus peixes preferidos são a truta ártica e o bacalhau polar. Mas o Papai Noel também tem uma queda pelo *hákarl*, uma especialidade culinária islandesa à base de carne de tubarão da Groenlândia. Esse prato tem um gosto de queijo velho podre e um forte odor de amoníaco, pois é preciso dizer que o tubarão transpira a urina em vez de excretá-la por um orifício... No que diz respeito à carne, não falta caça, e o Papai Noel muitas vezes pede a ajuda de seus duendes para matá-la: pássaros como a gaivota-hiperbórea, o pato-fusco, diferentes espécies de airos, o fulmar-glacial, animais quadrúpedes como a raposa-do-ártico ou um pequeno urso-polar de tempos em tempos (não contem para o WWF...) e mamíferos marinhos bem gordurosos, como a orca, a beluga, a baleia-boreal ou a foca-anelada.

O problema é que esses animais, quase todos situados no topo da pirâmide alimentar, estocam em seu organismo muitos produtos químicos, pois uma quantidade considerável de poluentes vindos da Europa Ocidental, da América do Norte e da Ásia chegam até o Ártico, levados pelos ventos e pelas correntes marinhas, mesmo que essa seja uma região aparentemente imaculada, com grandes espaços gelados e um número reduzido de habitantes humanos. Absorvidos pelos vegetais e pelos animais situados na parte inferior da cadeia alimentar, esses produtos são levados a níveis superiores dessa cadeia e se concentram no organismo dos predadores. Ou seja, chegam até o Papai Noel, que é O superpredador do pedaço.

Uma equipe de pesquisadores canadenses, noruegueses e dinamarqueses reuniu, em uma grande análise publicada pela revista *Science of the Total Environment*, um número muito grande de estudos focalizados nesse assunto no decorrer dos últimos anos. Essa análise tem cerca de cinquenta páginas e, mesmo que seja uma pena que esses cientistas não tenham conseguido pegar um dos duendes do Papai Noel para submetê-lo a um *check-up* completo, ou até mesmo dissecá-lo, ela nos dá uma boa ideia dos perigos a que se arriscam aqueles que dependem da fauna ártica para sua alimentação. Se examinarmos o exemplo do urso-polar, que é uma boa comparação com o Papai Noel, considerando que os dois têm aproximadamente o mesmo regime alimentar, os mesmos cabelos brancos e a mesma corpulência, teremos de nos preocupar com o estado de saúde do Papai Noel.

O *Ursus maritimus* tornou-se um caso clássico no que diz respeito à acumulação de poluentes orgânicos persistentes, conhecidos pela sigla POP. Não bastando ter de suportar o aquecimento global que fragiliza a banquisa ártica e reduz seu período de caça, o urso-polar é certamente um dos quadrúpedes mais contaminados pelos produtos tóxicos em todo o planeta. Entre esses produtos,

CIÊNCIA DE A A X

encontramos as tristemente famosas PCBs (bifenilas policloradas), o não menos conhecido DDT, o PFOS (ácido perfluoroctanossulfônico) ou o HCH (hexaclorocicloexano). Os efeitos dessas moléculas sobre a saúde do urso e, portanto, sobre a do Papai Noel são muitos: problemas na regulação das vitaminas; perturbação do sistema endócrino atingindo os hormônios tireoidianos e os hormônios sexuais; consequências para a fertilidade e os órgãos reprodutivos, o fígado, os rins, o sistema imunológico e os ossos.

A cada ano, a União Internacional para a Conservação da Natureza (UICN) publica sua lista vermelha das espécies ameaçadas. Na última lista publicada, o urso-polar estava classificado na categoria "Vulnerável", mas o Papai Noel não aparecia em parte alguma. No entanto, é urgente que nos preocupemos com a saúde dele: enquanto não tiver treinado um sucessor, apenas ele é que pode trazer nossos presentes na noite de 24 para 25 de dezembro...

Dezembro de 2010

Leitura: a professora que sabia escrever, mas não sabia mais ler

Em relação a um dos mecanismos cerebrais envolvidos na leitura, Stanislas Dehaene, professor no Collège de France, citou este trecho retirado de *Fogo pálido*, de Vladimir Nabokov: "Estamos absurdamente acostumados ao milagre de que alguns sinais escritos possam conter uma imagem imortal, reviravoltas de pensamento, mundos novos com pessoas vivas que falam, choram, riem. [...] E se, um dia, acordássemos, exatamente como somos, e descobríssemos a impossibilidade absoluta de ler?"[1].

---

1 Tradução livre. [N.T.]

Como é regra geral nos estudos de casos, sabemos apenas as iniciais de seu nome. Uma professora norte-americana de 40 anos, M. P., enfrentou a dor de ver a hipótese de Nabokov se transformar em realidade. Publicada na revista *Neurology*, sua história começa em uma quinta-feira de outubro, na aula, diante de seus pequenos alunos do maternal. Como em todas as manhãs, a professora devia fazer a chamada. Mas para sua grande surpresa, a lista de presença que ela usava todos os dias estava coberta com sinais misteriosos que ela não compreendia. Nas palavras dela, a folha "bem poderia estar coberta com hieróglifos". As anotações que ela tinha preparado como apoio para a aula também se mostraram igualmente incompreensíveis... M. P. voltou para casa nessa quinta-feira e, no decorrer das 48 horas seguintes, passou por novas dificuldades: ela

Ciência de A a X

tinha dificuldade para encontrar as palavras e seu pensamento ficou mais lento. No sábado, a mãe dela levou-a ao pronto-socorro.

Foi um acidente vascular cerebral (AVC) que provocou tudo isso. M. P. não percebeu nada, mas, em seu cérebro, uma pequena zona situada na região occipitotemporal esquerda se desconectou e permanecerá desligada por toda a vida. Nós a conhecemos pelo nome de área da forma visual das palavras (AFVP) e ela é a responsável pela identificação visual da escrita. Essa desativação não interrompeu o acesso às demais áreas cerebrais envolvidas na linguagem. M. P. comprende o que lhe é dito, fala normalmente, mas não pode mais ler. Por outro lado, ela ainda sabe escrever! Os neurocientistas falam de alexia (incapacidade de ler) sem agrafia (incapacidade de escrever), ou seja, de alexia pura. Os casos são muito raros e o primeiro conhecido na literatura científica é um caso francês, descrito em 1892 pelo neurologista Jules Dejerine.

M. P. acreditava, a princípio, que a zona lesionada havia voltado ao zero e que, com os instrumentos que conhecia bem, ela poderia reaprender a ler. E não quis deixar que sua paixão pelas palavras escritas se desvanecesse sem lutar. Mas a porta está fechada e para sempre: M. P. não pode aprender o "b + a = bá" simplesmente porque não "vê" nem "b" nem "a". A mensagem que seus olhos enviam ao ver as letras chega corretamente ao cérebro, mas não passa pela barreira das palavras.

Porém, M. P. é persistente. Ela percebeu que um outro sentido, além da visão, poderia vir em seu socorro e é isso provavelmente que torna seu caso tão bonito, se deixarmos de lado a ironia cruel que existe em ver um especialista no aprendizado da leitura ser vítima de alexia.

M. P. encontrou seu ponto de apoio no gesto. Os olhos não lhe são de grande ajuda, mas sua mão ainda tem a memória do traçado das letras. Ao ver uma palavra, a professora não reconhece a primeira das letras. Então, ela começa a desenhar com o dedo todas as letras do alfabeto, até chegar àquela cuja forma vê, sem saber seu nome. O exemplo dado no estudo foi a palavra "mother" (que significa mãe em inglês). M. P. usou seu estratagema para as três primeiras letras, "m", "o" e "t" e, depois, conseguiu completar a palavra. Os autores do artigo afirmam também que, em seu trabalho de reeducação, M. P. tem vagas lembranças, diante de determinadas palavras, de "emoções que parecem apropriadas". Assim, diante da palavra "dessert" (sobremesa em inglês), ela exclamou: "Ah, eu gosto disso!". Por outro lado, ao ver a palavra "Asperger", ela explica que não quer decifrá-la porque alguma coisa nessa palavra a perturba.

Apesar de todos os seus esforços, apesar da "muleta" que encontrou para decifrar algumas palavras com muito esforço, M. P. não voltará nunca mais a ler de maneira automática e fluida. Ela teve de deixar sua profissão e agora trabalha na recepção de um centro esportivo. Ler uma história para crianças, como fazia em sua aula, é o que mais lhe faz falta, ainda mais do que devorar um livro para si mesma. E ela pretende escrever as memórias de uma professora que não sabe mais ler.

Janeiro de 2014

Lilliput: o aquecimento global vai nos fazer encolher?

No jogo dos sete erros dos impactos do aquecimento global sobre os ecossistemas e as espécies vivas, já temos o derretimento dos glaciares e da banquisa ártica, o aumento do nível dos oceanos, sua acidificação, o aumento da frequência dos incêndios florestais, o deslocamento das espécies em direção a climas mais amenos (al-

CIÊNCIA DE A A X

titudes e latitudes mais elevadas), estações de reprodução e de floração que começam mais cedo e... falta o sétimo. E por que não a repercussão direta sobre o "físico" das plantas e dos animais? É isso que sugere um artigo de perspectiva publicado na revista *Nature Climate Change*.

Assinado por Jennifer Sheridan e David Bickford, biólogos da Universidade de Singapura, esse trabalho explica que o aquecimento climático levará a uma redução do tamanho da maioria dos seres vivos, encolhimento que já estamos, sem dúvida, vendo em algumas espécies, seja porque elas têm gerações curtas e se adaptam depressa, como alguns pássaros e roedores, seja porque elas são especialmente afetadas pela mudança climática ou sensíveis, como o urso-polar e o cervo. Essa diminuição de tamanho durante um episódio de rápido aquecimento climático é, por outro lado, documentada pelos fósseis que datam do Máximo Térmico do Paleoceno-Eoceno (há 55,8 milhões de anos), um parêntese ardente de vinte milhões de anos durante o qual a temperatura aumentou em 6 °C. Na época, muitos artrópodes encolheram expressivamente: escaravelhos, abelhas, vespas, aranhas, formigas e cigarras perderam entre 50% e 75% de seu tamanho!

Alguns experimentos de climatologia em escala reduzida, durante os quais certos dados do ambiente são manipulados artificialmente, confirmaram essa tendência. Assim, a acidificação da água, em consequência do teor mais forte de dióxido de carbono na atmosfera, diminui o ritmo de crescimento e a calcificação de numerosas espécies, como os moluscos de concha ou os corais. Do mesmo modo, os pequenos crustáceos chamados copépodes, algumas algas e o fitoplâncton reagem negativamente à diminuição do pH oceânico. Quando os pesquisadores imitam o aumento de temperatura, as consequências são similares. Cada grau Celsius suplementar se traduz, em média, para uma grande diversidade de plantas, em uma redução significativa da massa dos brotos e das frutas. E quando se trata dos animais, diversos estudos revelaram uma diminuição de tamanho nos invertebrados marinhos, peixes ou salamandras. O mesmo ocorre quando se criam secas.

Quais mecanismos são evocados no artigo da *Nature Climate Change* para explicar esse encolhimento? Várias causas são citadas, começando pela rarefação da água e dos nutrientes. As previsões dos climatologistas e de seus modelos indicam um aumento na frequência dos episódios de seca, inclusive nas regiões do mundo que serão mais bem irrigadas no futuro. Portanto, prevê-se a diminuição do tamanho das plantas e também a diminuição dos recursos vegetais para os herbívoros.

Ciência de A a X

Outro fator tem um papel no encolhimento animal: o metabolismo aumenta com a temperatura nas espécies de sangue frio. Considerando-se que os recursos em calorias são repartidos entre o metabolismo, a reprodução e o crescimento, há fortes indícios de que o último funcione como uma variável de ajuste, a menos que os animais possam se alimentar mais. Mas se o encolhimento for excessivo, algumas espécies se arriscam, abaixo de um certo volume, a morrer por dessecação, em especial os anfíbios, muito sensíveis à desidratação. Outra consequência que começamos a ver na Amazônia: o aumento do CO_2 atmosférico favorece mais os cipós, de crescimento rápido, do que as árvores, de crescimento lento. Resultado: as árvores são sufocadas e morrem, o que reduz a biodiversidade.

A priori, algumas espécies, minoritárias, aproveitam as novas condições climáticas para crescer. Assim, alguns lagartos da França aproveitam as temperaturas estivais mais elevadas em seu primeiro mês de vida para ganhar tamanho em relação às gerações anteriores. Dito isso, o benefício se arrisca a ser de curta duração, pois, a mais longo prazo, esses répteis não poderão sobreviver às mudanças de habitat produzidas pelo aquecimento global. E o homem, no meio de tudo isso? O artigo não menciona diretamente o tamanho dessa espécie da qual sabemos que os representantes mais bem nutridos não param de crescer (e de engordar) há décadas. Por outro lado, pois falamos de nutrição, a consequência de tudo o que foi mencionado poderá ser sentida nos pratos. Pressentimos um problema se as plantas e os animais diminuírem de tamanho e a população mundial aumentar em dois bilhões de pessoas. Portanto, é importante quantificar melhor esse fenômeno, e os autores do artigo propõem uma solução econômica para fazê-lo: utilizar os milhões de espécimes presentes nas coleções dos maiores museus de história natural do mundo, alguns dos quais estão lá há séculos, e completá-los com expedições de campo para medir a evolução

recente do tamanho dos seres vivos na superfície de nosso pequeno planeta.

Outubro de 2011

Lobotomia: como as grandes marcas influenciam nosso cérebro

Muito brutal, mas muito verdadeira, a tirada de Patrick Le Lay, então CEO da TF1, causou grande polêmica: "Para que uma mensagem publicitária seja percebida, é preciso que o cérebro do telespectador esteja disponível. Nossas transmissões têm o objetivo de torná-lo disponível: isto é, diverti-lo, relaxá-lo para prepará-lo entre duas mensagens. O que vendemos para a Coca-Cola é o tempo do cérebro humano disponível". O que Patrick Le Lay certamente não imaginava é a que ponto essa aproximação entre o cérebro e as grandes marcas comerciais era pertinente e profunda. Alguns pesquisadores pensam que a impressão das grandes marcas em nossa mente é tão forte que chega a influenciar nossa percepção, a transformar a experiência que temos quando consumimos os produtos em questão. Um estudo do início dos anos 1980 demonstrou que as mulheres que tinham dor de cabeça se sentiam mais aliviadas quando tomavam a aspirina fabricada por um grupo farmacêutico mais conhecido do que quando tomavam o comprimido fabricado por uma empresa menos famosa, mesmo que a fórmula e a apresentação do medicamento fossem exatamente as mesmas.

Em um artigo publicado na *PLoS ONE*, dois psicólogos alemães questionaram se esse efeito de "grife" poderia ser transposto para o universo da alimentação e influenciar uma degustação. Para descobri-lo, eles realizaram a seguinte experiência: voluntários deitados em um aparelho de IRM (imagem por ressonância magnética) provaram quatro refrigerantes e atribuíram notas enquanto as zonas de seu cérebro estimuladas por essa degustação eram observadas. O protocolo previa que antes de a bebida ser injetada em sua boca por meio de um tubo, os participantes vissem, em uma tela, durante meio segundo, a marca comercial dessa bebida: Coca-Cola, Pepsi-Cola, River Cola e T-Cola. As duas primeiras não precisam de apresentação. River Cola é a marca genérica de uma cadeia de supermercados alemães, enquanto a T-Cola tinha sido apresentada aos participantes como uma bebida que havia acabado de ser criada e ainda não estava no mercado.

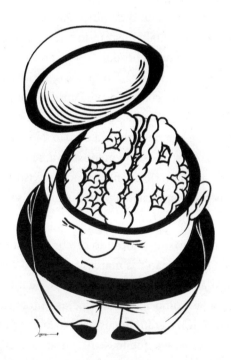

Na verdade, T-Cola era apenas uma invenção: a ideia consistia em propor uma bebida totalmente desconhecida, de marca não identificável. As quatro amostras servidas eram, de fato, rigorosamente idênticas: uma mistura de Coca, Pepsi e River Cola. Um terço de cada uma. Para tornar o cenário ainda mais crível, antes do teste, os experimentadores mostravam quatro recipientes cuidadosamente etiquetados. Todos os quinze participantes tiveram a impressão de que se tratava de quatro refrigerantes diferentes (antes que o segredo lhes fosse revelado). As amostras identificadas como Coca e Pepsi, as duas grandes marcas, obtiveram notas significativamente melhores que as das duas outras, um resultado pouco surpreendente.

Na verdade, o mais intrigante não foi isso. A surpresa foi o que apareceu na IRM. A degustação do que foi apresentado como de marcas pouco conhecidas ou desconhecidas provocou mais atividade no córtex orbitofrontal, mostrando que o participante buscava mais atribuir um valor ao produto que estava provando e decidir se o considerava bom ou não, o que acontecia menos no caso das bebidas apresentadas como Coca e Pepsi. Como se, no caso da River Cola e da T-Cola, a marca não fosse um indicador suficiente para determinar se a bebida agradava ou não. No caso das bebidas conhecidas, essa zona se mostrou menos ativa, sem dúvida porque, por já tê-las provado anteriormente ou por ter visto a publicidade que o sr. Le Lay tanto aprecia, os participantes já sabiam mais ou menos o que iriam encontrar.

Por outro lado, um outro local do cérebro "se iluminava" mais no momento da degustação das marcas famosas: o corpo estriado, uma região ligada à recompensa e ao prazer. Se a Coca e a Pepsi foram percebidas como melhores que as outras (é importante lembrar que as misturas eram iguais), isso ocorreu provavelmente porque o cérebro esperava que fossem. Portanto, a expectativa do resultado devida ao efeito de "grande marca" influenciou o tratamento da informação gustativa. Em sua experiência sensorial, que é também uma experiência cerebral, os participantes realmente sentiram mais prazer com essas bebidas! A grande marca parece

Ciência de A a X

assim chegar a um ponto de domínio psicológico em que sua lembrança já manipula no cérebro nossa percepção do produto quando o consumimos.

Pode-se argumentar que isso é ir um pouco longe demais, pois um estudo com quinze pessoas, mesmo que confirme outros trabalhos, não cria necessariamente uma verdade e tudo isso exige verificação. Com certeza. Mas seria igualmente superficial ocultar esse resultado, pois as grandes marcas prestam muita atenção a esses assuntos. Acredite se quiser, mas elas seguem de perto a neurociência, a ponto de utilizar também a IRM ou o eletroencefalograma para testar as reações dos consumidores a novos produtos ou para compreender como eles tomam uma decisão de compra. Isso se chama neuromarketing.

Junho de 2013

M de...

Maquiavélica: a suprema astúcia da orquídea

O que não fazemos para agradar e nos reproduzir? Muitas espécies se fazem essa pergunta, começando por uma que anda sobre duas pernas, mas uma família de plantas levou a arte da atração ao extremo: as orquídeas. O exemplo mais famoso é o da erva-abelha, em que uma das pétalas peludas imita perfeitamente o abdômen da fêmea de seu inseto polinizador. Os machos inexperientes se deixam enganar, mesmo porque a flor reproduz também os feromônios do inseto. Ao tentar, excitados, copular com uma pseudocompanheira, eles polinizam a orquídea. Outro exemplo: várias espécies do gênero *Bulbophyllum* exalam um odor repugnante de carne podre que atrai as moscas, que, geralmente, são atraídas pelos cadáveres de animais. A gama de estratagemas desses especialistas em mimetismo é grande, mas um dos mais engenhosos ainda era desconhecido até há pouco tempo.

Uma equipe de ecólogos alemães e israelenses o revelou, em um estudo publicado no *Proceedings of the Royal Society B*. Esses cientistas se interessaram pelo caso da orquídea *Epipactis veratrifolia*, encontrada essencialmente no Oriente Próximo e no Oriente Médio. Um de seus polinizadores é o *Episyrphus balteatus*, um inseto (também presente na França) que se parece com uma vespa, mas não tem ferrão. A fêmea desse inseto põe os ovos onde existem pulgões, pois suas larvas se nutrem deles, e, por esse motivo, os jardineiros as apreciam bastante. Os pesquisadores já constataram que a fêmea do inseto poliniza a orquídea, ao depositar nela seus ovos, mesmo que os pulgões estejam ausentes. Eles pensaram que a fêmea do inseto era enganada pelas pequenas verrugas escuras presentes na flor, que ela confundia com pulgões. A realidade é muito mais sutil...

Por via das dúvidas, os ecologistas estudaram os compostos voláteis fabricados pela *Epipactis veratrifolia* e se deram conta de que ela produzia as mesmas moléculas que são liberadas pelos pulgões quando atacados. De certa maneira, a planta emite o sinal de alarme químico dos pulgões, sem ter pulgões. Mas é esse sinal que atrai os polinizadores? Para descobrir isso, os pesquisadores colocaram fêmeas fecundadas do inseto perto de plantas de favas, algumas "perfumadas" pelas moléculas produzidas pela orquídea e outras não. O resultado foi mais do que comprovador: as fêmeas do inseto depositaram muito mais ovos no primeiro caso do que no segundo.

Portanto, para atrair seu polinizador, ou melhor, sua polinizadora, essa orquídea engana o instinto maternal dela, reproduzindo o sinal de alarme dos pulgões de que seus filhinhos se alimentam. Quando eclodem, no entanto, as larvas não encontram alimento e morrem. Como a *Epipactis veratrifolia* não oferece, por assim dizer, néctar para suas hóspedes, o benefício que as fêmeas do inseto recebem por sua polinização é quase nulo, um fenômeno raro e perigoso (para a orquídea) do ponto de vista da evolução. Em geral,

PIERRE BARTHÉLÉMY

a polinização resulta em uma troca mútua (os economistas diriam que é uma relação ganha-ganha, não uma fraude). Por isso, os autores do estudo se perguntaram se não estariam na presença de um caso de pré-adaptação: a produção dos feromônios de alarme bem poderia, na origem, ter apenas o objetivo de "manter os pulgões distantes dos preciosos órgãos reprodutores" da orquídea, afastando os pequenos insetos parasitas. Em seguida, essas moléculas tiveram um papel inesperado na atração das fêmeas do inseto e sua função passou de "defesa da planta para atração dos polinizadores". De fato, uma função não exclui a outra: a flor da *Epipactis veratrifolia* muitas vezes está livre de pulgões, enquanto os talos e as folhas estão comumente infestados. Se pudermos unir o útil ao útil...

Outubro de 2010

Microcosmos: pesquisadores exploram a selva microbiana do umbigo

É um planeta que tem, por baixo, um trilhão de habitantes. Um planeta pouco conhecido com seus relevos, zonas secas, zonas úmidas, regiões que nunca veem a luz do dia e outras expostas aos quatro ventos. Um planeta com cerca de 1,8 m^2 na superfície de cada ser humano: a pele. Seus habitantes, como você já deve ter adivinhado, são invisíveis a olho nu, pois trata-se de bactérias, cogumelos microscópicos e vírus, que colonizam aquilo que não costumamos considerar como um universo povoado, mas que, no entanto, é assim. Conhecemos a expressão "flora intestinal" para designar o mundo microbiano de nosso sistema digestório; talvez venhamos a nos habituar à expressão "selva epidérmica".

"Selva" é a palavra que de fato foi escolhida por uma equipe norte-americana, em um estudo publicado na *PLoS ONE*, para descrever um habitat muito específico da superfície de nosso corpo, uma pequena gruta que existe em cada um de nós: o umbigo. Existem várias vantagens disponíveis a quem desejar estudá-lo. Em primeiro lugar, exceto Adão e Eva, todos os seres humanos têm um umbigo. Em seguida, explicam os autores desse artigo, "é um ambiente que, em termos de morfologia, varia relativamente pouco de um indivíduo a outro". Acima de tudo, acrescentam eles, este é um local que geralmente não é submetido a uma limpeza diária e "pode abrigar uma comunidade bacteriana pouco perturbada, se a compararmos às das partes do corpo frequentemente expostas e lavadas, como as mãos".

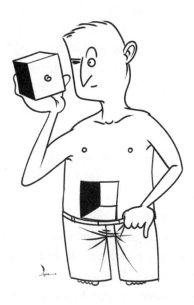

Portanto, para esses biólogos, o umbigo faz parte desses mundos ao mesmo tempo próximos de nós, preservados e pouco explorados. Sabemos, por exemplo, poucas coisas sobre a biodiversidade que vive nele e sobre o modo que ela se estrutura, se cada um de nós é um mundo à parte ou se todos nós temos os mesmos mi-

PIERRE BARTHÉLÉMY

cro-organismos bem adaptados ao meio. Assim, esses pesquisadores norte-americanos fizeram vários pedidos à população: permita que examinemos a selva de seu umbigo! Armados de cotonetes, eles esfregaram o umbigo de cerca de quinhentos voluntários, mas o estudo em questão traz apenas os primeiros resultados, obtidos em duas amostras de 35 e 25 pessoas, colhidas durante as manifestações científicas realizadas em janeiro e fevereiro de 2011.

No total, nesses sessenta indivíduos, foram identificadas mais de 2.300 espécies diferentes de bactérias! O sujeito menos dotado tinha 29 espécies e o mais diversificado tinha 107. Portanto, uma bela biodiversidade. A maioria das espécies foi encontrada apenas em uma pessoa. No entanto, oito espécies estavam presentes em mais de 70% dos voluntários e, somadas, representavam mais da metade das bactérias identificadas. Essas espécies dominantes foram chamadas de "oligarcas" pelos autores do estudo, uma denominação tomada de empréstimo aos especialistas em florestas tropicais, que agrupam sob esse nome as espécies vegetais mais frequentes na região.

Não houve muita surpresa na identificação dos oligarcas, pois eles pertencem a gêneros bem conhecidos dos especialistas em pele: estafilococos, *Bacillus*, *Micrococcus*. Sua abundante presença poderia assustar os obcecados por higiene, mas a maioria dessas bactérias é inofensiva e algumas, que vivem em simbiose conosco, têm um papel positivo e participam da manutenção do bom estado da pele, limpando seus detritos e também combatendo outras bactérias menos amigáveis. Segundo um estudo recente, elas parecem participar até mesmo da regulação das células do sistema imunológico local.

Se a presença dessas bactérias era previsível, os biólogos foram surpreendidos por encontrar alguns arqueas, micro-organismos que pertencem a outro reino de seres vivos diferente das bactérias.

166

Alguns espécimes costumam ser encontrados em ambientes considerados extremos e, até agora, nunca haviam sido detectados na pele de um ser humano. Todavia, é preciso destacar que duas das três espécies de arquea tinham seu domicílio no umbigo de um indivíduo que se gabava de "não ter tomado nem uma chuveirada nem banho durante vários anos", afirma o estudo. Nessas condições, temos o direito de questionar se o umbigo não poderia ser considerado como um ambiente extremo. Como afirmou, não sem algum humor, um dos autores do artigo, Rob Dunn, biólogo da Universidade Estadual da Carolina do Norte, "falando historicamente, ninguém se lavava muito frequentemente. Esse homem bem poderia ser mais representativo daquilo que tem sido nosso corpo durante milhares ou milhões de anos do que a maioria das pessoas. Porém, isso não significa que eu incentive todo mundo a não tomar banho".

Novembro de 2012

Molière: o doente imaginário online

Esta é a história de Mandy Wilson, tal como foi admiravelmente contada por Jenny Kleeman, do jornal *Guardian*. Australiana, Mandy Wilson dava notícias ao mundo anglófono em um site de mães chamado *Connected Moms*. Ao ler as postagens, era possível perceber que ela atravessava um período horrível, escreveu Jenny Kleeman: "Com 37 anos, ela havia recebido o diagnóstico de leucemia, um pouco depois de o marido tê-la abandonado, deixando-a sozinha para criar a filha de cinco anos e o filho que ainda era um bebê. A quimioterapia havia prejudicado de tal modo seu sistema imunológico, fígado e coração que ela acabou tendo um acidente vascular cerebral e entrou em coma. Para se recuperar, ela passou semanas em um serviço de cuidados intensivos onde as enfermeiras a maltratavam e a deixaram coberta de hematomas".

Quando ela não estava em condições de enviar notícias pela internet, seus amigos Gemma, Sophie, Pete e Janet se encarregavam disso, a fim de continuar a dar notícias a todas as mães que seguiam online esse calvário. E eram muitas, nos Estados Unidos, no Reino Unido, na Nova Zelândia, no Canadá, que liam seus textos e a apoiavam como podiam. Assim, em seu artigo, Jenny Kleeman relatou o depoimento de uma canadense, Dawn Mitchell, que, ao saber da doença de Mandy, em 2007, ficou transtornada com a história dela: "Quando você tem filhos pequenos, ouvir falar de uma mãe que poderia deixar os filhos órfãos a deixa muito indignada". Dawn começou a passar muito tempo, até várias horas por dia, conversando com Mandy, por mensagens de texto e por Skype. O calvário de Mandy se transformou em um verdadeiro filme de horror: ela teve uma peritonite e uma fascite necrosante, que exigiu intervenção cirúrgica para retirar os pedaços de carne morta, seus amigos Pete e Sophie faleceram, e ela chegou até mesmo a se sentir mal certa vez em que conversava por vídeo com Dawn.

Tantas desgraças levaram Dawn a suspeitar de alguma coisa. Seguir essa história era como assistir a uma temporada do Dr. House na qual o herdeiro médico de Sherlock Holmes tinha apenas uma única paciente: Mandy. "Havia dramas demais", explica Dawn, "e próximos demais uns dos outros". Mas Dawn não podia divulgar essa suspeita sem ter certeza de que sua correspondente australiana realmente não estava doente. Assim, ela começou a pesquisar a distância. Buscou, em vão, em sites australianos, os obituários de Pete e Sophie, e teve mais dúvidas ao ver o crânio calvo de Mandy, que lhe pareceu raspado, em uma foto supostamente tirada durante a quimioterapia. Mas isso não provava nada. A prova chegou por meio da página de Mandy no Facebook, que mostrava que ela se divertia com jogos online ou deixava comentários nas fotos dos amigos no período em que estava em coma ou anestesiada. Durante uma última sessão com Mandy no Skype,

Dawn lhe disse que havia descoberto a farsa e, depois, contou tudo às outras mães que seguiam o "suplício" relatado pela australiana.

Esse caso de "doente imaginário online" não é um caso isolado. Com o desenvolvimento da internet, cada vez mais pessoas inventam patologias graves, ou mesmo incuráveis, publicam seu diário do hospital em um *blog*, ou até fingem morrer online, para assistir, por trás de sua tela, ao concerto de lágrimas. Isso tem um nome: síndrome de Münchhausen por internet. Identificada em 1998 pelo psiquiatra norte-americano Marc Feldman, essa é uma variante moderna da síndrome de Münchhausen, doença mental que se manifesta pela necessidade de simular uma doença a fim de conseguir a atenção de médicos e enfermeiras. Na variante clássica, as pessoas que sofrem dessa síndrome são capazes de tomar medicamentos para provocar sintomas alarmantes e conseguir a hospitalização, com o risco de ficar realmente doentes.

A síndrome de Münchhausen por internet (MPI) é diferente no sentido de que a pessoa que a manifesta não se dirige particularmente ao mundo médico. Por outro lado, ela cria relatos extremamente elaborados para que os outros acreditem em sua história. Isso passa evidentemente por conseguir uma boa documentação, o que não é muito complicado atualmente graças à rede mundial. No entanto, é preciso cuidar bem dos detalhes da representação. No caso de Mandy, ela usou especialmente os serviços de amigos virtuais que tinham, cada um, seu próprio estilo de escrita. Ela deu vazão a seu impulso até multiplicar as incoerências quando estava, supostamente, muito mal. Como explicou Marc Feldman em uma entrevista à revista *Wired*, por trás dessa nova síndrome "existe mais do que a simples busca de atenção, mesmo que se trate realmente de uma intensa motivação em numerosos casos. Em outras situações, as histórias falsas são a tal ponto cativantes e pungentes que acredito que exista aí um toque inegável de sadismo; nesses casos, quando os autores acabam pedindo desculpas, estas são fáceis e pouco convincentes. Penso também que a MPI é um modo de as pessoas se sentirem 'no controle' de suas vidas, ao controlar os pensamentos e as reações dos outros".

A incrível caixa de ressonância que é a internet democratizou e multiplicou o público desses falsos doentes (que, ironicamente, estão realmente doentes, mas não do modo que desejam que os outros acreditem), os quais provavelmente sentem prazer ao medir seu sucesso com o número de visitas a seus blogs, com os comentários deixados ou com as mensagens de apoio recebidas. E quando são desmascarados, só precisam criar outro avatar doente, em outro fórum, ou outra plataforma de blogs... Por outro lado, o número crescente de casos de MPI pode nos fazer olhar com suspeita os blogueiros gravemente doentes que contam, de verdade, sua luta pela vida.

Março de 2011

N de...

Necrologia: de que se morria ontem, de que se morre hoje

A influente revista norte-americana *New England Journal of Medicine* (NEJM), uma pequena instituição no mundo da pesquisa médica, lançada em 1812, festejou seu 200º aniversário no início de 2012. Nessa ocasião, foi publicado um artigo descrevendo, a partir dos arquivos da revista (que era trimestral no início e passou a ser semanal), a evolução das doenças e as causas de mortalidade no decorrer de dois séculos. Mesmo que a morte continue sempre no fim do caminho, não morremos mais hoje pelas mesmas razões que antigamente. Também acontece de males incertos ou pouco compreendidos anteriormente agora terem explicações e nomes mais precisos.

Assim, quando consultamos o documento que reúne as causas de mortalidade no ano de 1811 em Boston, cidade em que a NEJM foi criada, com certeza encontramos doenças bem conhecidas,

PIERRE BARTHÉLÉMY

como o câncer (5 mortes em 942), a diarreia (15), a sífilis (12), a varíola (2) ou a cólera (6). Mas as causas mais importantes de óbito, em virtude do número de pessoas falecidas, são claramente mais fluidas, como a famosa *"consumição"* (221 mortes), da qual muitas vítimas são encontradas nos romances do século XIX e que se refere essencialmente à tuberculose pulmonar, ou como as febres diversas e variadas (116), entre as quais se inclui o tifo. Os partos e o período que se segue a eles são perigosos, pois os bebês natimortos, as febres puerperais que acometem as mães, as infecções diversas às quais os bebês não sobrevivem e os "nascimentos de dentes" fatais somam 135 óbitos. Podemos, sem dúvida, descobrir acidentes vasculares cerebrais sob a palavra "apoplexia" (13), mas é mais complicado adivinhar a que se referem exatamente os registros de "convulsões" (36), "fraqueza" (28), "declínio" (20) ou "morte súbita" (25).

Também encontramos nessa lista algumas curiosidades, como um fulminado, dois falecidos em consequência de "câimbras no estômago" e duas pessoas que morreram por terem tomado... água fria. Mesmo que sua abordagem seja a mais séria possível, a NEJM é o reflexo de sua época e das crenças vigentes. Assim, podemos ler, em 1812, o relato de um artigo publicado por uma revista similar (*Edinburgh Medical and Surgical Journal*), em que são descritos os efeitos devastadores causados pelo vento de uma bala de canhão: citamos "as vestimentas cujos botões e dragonas são arrancados, o que produz uma lividez extensa sobre a parte do corpo perto da qual a bala passou, uma cegueira súbita ou gradual, ossos fraturados em mil pedaços sem mesmo que a pele seja dilacerada".

Ainda em seu primeiro ano de existência, a revista *New England* fala do fenômeno das *combustões espontâneas nas fábricas*, que são, em essência, explosões de pós ou incêndios devidos a produtos inflamáveis. O artigo termina, contudo, citando o exemplo das "combustões espontâneas entre os bebedores de uísque e, mais especialmente, entre as mulheres". Mas a prudência científica é demonstrada na frase seguinte, pois a revista incentiva seus leitores a "esperar provas melhores do que aquelas que vimos até o presente, antes de dar crédito a esses relatos, mesmo que eles provenham de associações científicas".

Muitas doenças que eram mortais em 1812 não o são mais atualmente. Nós nos cuidamos melhor, vivemos mais tempo e isso fez subir na classificação das causas de mortalidade as patologias que se encontravam no fim da lista. Assim, se tomarmos as duas doenças mais comumente fatais em um país como a França, ou seja, o câncer e as doenças cardiovasculares, elas eram quase ausentes em Boston em 1811. E é também surpreendente observar que as doenças infecciosas, anteriormente as que mais enchiam os cemitérios, aparecem apenas no sexto lugar: gripe e pneumonia vêm depois do câncer, das doenças cardiovasculares, dos acidentes, do mal de Alzheimer e do diabetes. Digamos, porém, que, segundo a Organização Mundial da Saúde (OMS), nos países mais pobres do planeta, bactérias e vírus continuam em festa, como na Nova Inglaterra do início do século XIX. Nesses países, os três primeiros lugares do pódio são ocupados pelas doenças infecciosas: infecções pulmonares, diarreias, AIDS. A malária é a quinta e a tuberculose é a sétima. Em dois séculos, a medicina fez enormes progressos. Porém, ainda é preciso que se tenha acesso a ela.

Junho de 2012

Nicotina: quando a ciência incentiva os atletas a fumarem

Podemos nos perguntar por que os especialistas em esportes de resistência, como os ciclistas ou os corredores de fundo, se arriscam a usar substâncias proibidas para melhorar seu desempenho, enquanto existe um produto de consumo corrente que cumpre diversos critérios buscados pelos atletas: o cigarro. Publicado no *Canadian Medical Association Journal*, uma das dez revistas mais sérias e influentes do mundo da pesquisa médica, o estudo do canadense Kenneth Myers nos faz refletir. O que foi escrito por esse jovem, na época aluno do último ano de medicina na Universidade Calgary e maratonista nas horas vagas, vai contra todas as ideias que temos sobre o tabaco. Apoiando-se em referências, ele demonstra que fumar pode provocar três consequências interessantes para os ciclistas ou os corredores de fundo. A primeira é que fumar pelo menos dez cigarros por dia aumenta a taxa de hemoglobina (que transporta as moléculas de dioxigênio no organismo) em 1,4% em média para os homens e em 3,5%

em média para as mulheres. Esse é um resultado publicado nos *Annals of Hematology*. A segunda é que aquilo que antigamente chamávamos de "erva de Nicot" (de onde vem o nome nicotina) pode, em alguns casos, aumentar o tamanho dos pulmões, um objetivo importante para os adeptos de esportes de resistência. A terceira consequência é que o cigarro constitui um "mata fome" conhecido, o que permite que os atletas conservem seu peso ideal, impedindo-os de responder ao sinal "Coma mais!" que o organismo envia depois de todo treinamento físico.

Contudo, Kenneth Myers está surpreso: apesar dos argumentos científicos, desenvolvidos há anos em numerosos estudos, os atletas de alto nível fumam muito menos do que a população geral.

PIERRE BARTHÉLÉMY

Considerando que os benefícios do cigarro só são sentidos a partir de uma certa dose e depois de vários anos, ele sugere, portanto, que os esportistas comecem a consumir o tabaco "tão jovens quanto seja razoavelmente possível", o que pode ser complicado, admite ele, pois inúmeros países impõem restrições de idade para a compra dos maços. O médico observa também que os países em desenvolvimento começaram a adotar medidas análogas tardiamente. Como por acaso, aí se incluem o Quênia e a Etiópia que, entre os homens, têm monopolizado todas as medalhas de ouro nas corridas de resistência (dos oitocentos metros à maratona, passando pelos 3 mil metros com obstáculos) durante os jogos olímpicos de Pequim. Para resumir, conclui o estudo, a literatura existente defende o uso do cigarro para melhorar o desempenho em resistência, por meio da perda de peso e do aumento da taxa de hemoglobina e do volume pulmonar. No entanto, os atletas continuam a negligenciar o cigarro e seguem métodos ilegais e perigosos que têm apenas efeitos fracos e passageiros sobre essas mesmas variáveis fisiológicas. Pesquisas suplementares são necessárias para determinar exatamente quando e como o cigarro deve ser integrado aos programas de treinamento de atletas de alto nível. Apesar das verbas expressivas alocadas para o desenvolvimento de uma elite nos esportes de resistência, não temos conhecimento de que tais programas de pesquisa existam no momento.

Evidentemente, Kenneth Myers não acredita em nada do que escreveu. Seu estudo não passa de uma farsa. Esse médico canadense simplesmente quis dar um exemplo espetacular às consequências de uma prática utilizada às vezes por pesquisadores inescrupulosos, conhecida em inglês pela expressão de *cherry-picking*, literalmente colher cerejas, que eu traduziria por "triagem seletiva dos dados". Quando colhemos cerejas, pegamos apenas as frutas bonitas e deixamos na árvore as frutas danificadas, que não nos convêm. Em sua introdução, que deixei propositadamente para o fim, Kenneth Myers explica que, ao fazer esse tipo de triagem, conservando apenas os dados que interessam e varrendo os outros para baixo do tapete, alguns artigos científicos têm "o potencial de criar uma argumentação convincente em favor de uma hipótese errônea. Correlações ou extrapolações impróprias podem levar a conclusões perigosamente falsas". Porém, embora seja fácil, em um artigo sobre os "benefícios" do fumo, indicar a falta de ética, costuma ser bastante complicado perceber esse mesmo problema na maioria dos artigos horrivelmente específicos que enchem as revistas especializadas.

A triagem seletiva de dados científicos não é exclusividade dos pesquisadores. Assim, darei dois exemplos para terminar. Em 2007, a Casa Branca, sob a presidência de George W. Bush, cometeu um equívoco ao afirmar que os Estados Unidos estavam se saindo melhor do que a Europa na luta contra as emissões de gases do efeito estufa. De fato, o aumento dessas emissões norte-americanas entre 2000 e 2004 havia sido menor do que o dos países da UE (do que o de quinze países). No entanto, a escolha das datas havia sido especialmente sutil e enganadora, pois o ponto de partida internacionalmente reconhecido no domínio dos gases do efeito estufa é 1990 e não 2000. Se tomarmos, portanto, o período 1990-2004, as emissões de gases do efeito estufa nos Estados Unidos aumentaram 15% enquanto as da UE baixaram 1%.

Outro exemplo de extrapolação abusiva, dessa vez na imprensa, com o título inacreditável encontrado no jornal britânico *The Evening Standard* em 2010: "As bananas são tão boas quanto os medicamentos para tratar o HIV, dizem pesquisadores". Com certeza, como explica o *blog RadioKate*, os pesquisadores em questão jamais pensaram isso e também não quiseram incitar os soropositivos a trocar seus coquetéis de remédios por uma dieta de bananas. O comunicado deles diz claramente que eles descobriram nessa fruta uma substância que pode servir de microbicida contra o vírus da AIDS e, portanto, impedir a infecção. De modo algum um microbicida, que tem um papel preventivo, poderia substituir um tratamento depois que a pessoa está contaminada. Mais uma vez, a autora do artigo viu apenas aquilo que queria ver.

Novembro de 2011

Nutrição: a saúde do futuro bebê é influenciada pelo que o pai come?

Quando um casal decide ter um filho, a futura mamãe recebe conselhos de saúde e nutrição: coma isto ou aquilo, tem muito iodo, ferro, cálcio, reduza sua exposição a toxinas, pare de fumar, pare de beber ou de tomar certos remédios, faça um tratamento com vitamina B9 para reduzir os riscos de *spina bifida* etc. E o futuro pai? Nada. Como se o fato de não acolher o embrião em seu corpo, de ser apenas um fornecedor de gametas, o isentasse de se preocupar com seus hábitos de vida e com o conteúdo de seu prato.

Esse estado de coisas bem pode mudar depois de um estudo canadense de epigenética publicado no *Nature Communications*. Antes de continuar, é preciso explicar o que é epigenética. Existe, em primeiro lugar, o genoma, que determina o plano de construção e de funcionamento do organismo e, além dele, o epigenoma, que é como um registro de informações que regulam o modo que os genes se exprimem. Para explicar de outro modo, vejamos a metáfora do biólogo alemão Thomas Jenuwein, que encontrei na Wikipédia (uma vez só não faz mal): "Podemos sem dúvida comparar a distinção entre a genética e a epigenética com a diferença entre a escrita de um livro e sua leitura. Depois de o livro ser escrito, o texto (os genes ou a informação estocada sob a forma de DNA) será o mesmo em todos os exemplares distribuídos ao público. No entanto, cada leitor de um livro terá uma interpretação ligeiramente diferente da história, que evocará nele emoções e projeções pessoais no decorrer dos capítulos. De um modo muito comparável, a epigenética permitirá várias leituras de uma matriz fixa (o livro ou o código genético), dando lugar a diversas interpretações, segundo as condições em que interrogarmos essa matriz".

Enquanto o genoma é muito estável, por sua vez o epigenoma é dinâmico, dependendo do ambiente, dos acontecimentos da vida, da exposição a produtos tóxicos, da alimentação... E uma parte dessas informações epigenéticas é transmitida do pai ao filho. Durante a produção dos espermatozoides, alguns dos genes contidos nos gametas recebem, de fato, uma marcação química, que podemos considerar como um tipo de pegada paterna sobre o genoma transmitido. Os autores do artigo publicado no *Nature Communications* tinham a hipótese de que, se essa marcação fosse alterada, por exemplo, por uma carência alimentar, isso se traduziria na geração seguinte por deformações ou doenças.

Para testar essa ideia, eles escolheram uma carência de ácido fólico. Também conhecido sob o nome de vitamina B9, o ácido fólico desempenha de fato um papel importante em um dos principais mecanismos epigenéticos: a metilação do DNA. Esta modula o nível como os genes se exprimem e é até mesmo capaz de reduzi-los ao silêncio, de inibi-los completamente. Perturbar a ingestão de ácido fólico teria, portanto, segundo os pesquisadores, boas chances de perturbar a marcação dos espermatozoides. Assim, os pesquisadores criaram duas linhagens de camundongos machos. Servindo de grupo de controle, a primeira tinha direito, desde o estágio embrionário e por toda sua vida, a uma dose normal de ácido fólico, enquanto a segunda recebia uma dose muito reduzida (14% do consumo recomendado).

Primeira consequência: a segunda linhagem mostrava mais problemas de infertilidade do que a primeira. Além disso, foram constatadas anomalias anatômicas em 27% dos camundongos cujos pais tinham carência de ácido fólico (contra 3% no grupo de controle): deformações craniofaciais, defeitos nos membros, na coluna vertebral e nas cinturas escapulares, ossificação reduzida do crânio, atraso no desenvolvimento dos dedos das mãos e dos pés. Os pesquisadores foram, então, examinar os espermatozoides. Os genes estavam em estado normal. Por outro lado, foram notadas, no segundo grupo, mudanças na metilação do DNA em dezenas de regiões diferentes. Em resumo, a carência de ácido fólico havia modificado a maneira que a marcação paterna era feita sobre os genes transportados pelos espermatozoides. Para seguir a metáfora de Thomas Jenuwein, o texto era bom, mas o modo de interpretá-lo era ruim.

Essa descoberta lança luz sobre o papel do epigenoma do espermatozoide no desenvolvimento fetal. Para os autores do estudo, foi a primeira vez que se demonstrou que a ingestão de ácido fólico pelo futuro pai (e não apenas pela futura mãe) é importante para obter uma prole saudável. Esse ponto pode ser importante em casos de desnutrição ou nas pessoas com sobrepeso, pois a obesidade altera o modo que o ácido fólico é utilizado pelo organismo. O artigo do *Nature Communications* também usa o exemplo do número de diabéticos nos Estados Unidos, que explodiu em uma geração, passando de seis para vinte milhões: "O papel do epigenoma dos espermatozoides nesse fenômeno e em outras doenças crônicas merece uma pesquisa aprofundada", destaca o artigo. Esse resultado chega depois de outro estudo, espetacular, sobre a transmissão de um medo paterno *por meio* dos espermatozoides e pode-se dizer que esses trabalhos dão algum apoio à transmissão hereditária.

Dezembro de 2013

O de...

Oftalmo: o homem que não reconhecia os rostos

"Desde o primeiro momento de que me lembro, nunca fui capaz de diferenciar as pessoas com a ajuda de seu rosto." O autor dessa confissão surpreendente se chama David Fine. Esse gastroenterologista britânico, atualmente com 62 anos, é um homem que não reconhece rostos. "Precisei de pelo menos trinta anos para perceber que meu reconhecimento facial era inferior à média e mais dez ou quinze anos para compreender que, na percepção de quase todas as pessoas, os rostos dos indivíduos são únicos. Eu tinha quase 50 anos quando ouvi falar pela primeira vez de 'prosopagnosia' e finalmente fui diagnosticado com esse transtorno aos 53 anos." A prosopagnosia é a dificuldade ou a incapacidade de reconhecer seus congêneres pelo rosto. Ela pode ser congênita ou posterior a um acidente que tenha atingido o cérebro. Desconhecida do grande público, embora afete um número não negligenciável de pessoas, o problema também é muitas vezes desconhecido pelos atingidos: como ele me explicou simplesmente, David Fine acreditou durante décadas "que todo mundo era igual [a ele]"!

Descobri o caso dele graças a um depoimento emocionante, intitulado *Une vie avec la prosopagnosie* (Uma vida com a prosopagnosia), que ele publicou na revista *Cognitive Neuropsychology*. Por uma artimanha da vida, David Fine tinha 3 anos quando nasceram suas irmãs gêmeas. Mesmo que a mãe o repreendesse por não se esforçar, ninguém se surpreendeu por ele ser incapaz de distingui-las uma da outra. Quando David Fine volta à mais distante de suas lembranças e pensa, por exemplo, em sua escola maternal,

CIÊNCIA DE A A X

uma estranha estrutura de memória se revela: "Revejo o prédio e os arredores detalhadamente com uma memória fotográfica, mas sem nenhum rosto. Se penso na diretora da escola, vejo os cabelos loiro-acobreados, mas não vejo o rosto. Se penso nos três garotos com quem eu me dava bem, lembro que um deles usava um boné usado e deformado, outro usava sapatos Richelieu e o terceiro tinha óculos com uma das lentes tapada para corrigir o estrabismo. Mas nada de rosto".

Muito depressa, David Fine começou a usar os detalhes das roupas – ou as diferenças no penteado no caso das meninas – a fim de reconhecer os amigos. Ele também se lembra de ter lido, quando criança, a história de um policial que estava no encalço de um ladrão e se disfarçou para não ser reconhecido, colocando um bigode postiço e óculos. O estratagema deixou perplexo o jovem Fine, pois para ele um policial não precisava se disfarçar para não ser reconhecido, bastaria tirar o uniforme.

Conforme crescia, David Fine aperfeiçoou e diversificou as técnicas de identificação das outras pessoas. No colégio, ele aproveitou o fato de o estabelecimento ser dividido em vinte "casas" – do mesmo modo como, em *Harry Potter*, Hogwarts é dividida em quatro casas: Grifinória, Lufa-lufa, Corvinal e Sonserina – e de os membros de cada casa usarem uma gravata de uma cor específica. Os alunos sentavam-se nos mesmos lugares na classe, o que também facilitava a tarefa de atribuir um nome a cada um. Apesar dessas "muletas", às vezes David Fine era pego em flagrante delito de "não reconhecimento": "Esperava-se que os alunos tirassem o boné diante dos professores, mesmo do lado de fora da escola", lembra ele. "Criei fama de rebelde e de pouco educado por ter esquecido esse sinal de respeito. Tenho uma lembrança clara de uma manhã fria em que uma mulher estranha, cuja cabeça estava envolta com uma echarpe verde, dirigia-se para mim em passos largos e com gritos de raiva. Era minha professora principal, cuja cabeleira ruiva muito reconhecível estava oculta pela echarpe. Tive de escrever cem linhas como castigo por não ter tirado o meu boné."

David Fine optou pela medicina hospitalar. Para alguém como ele, isso traz muitas vantagens. Aqueles que trabalham em sua companhia usam blusas com crachás e se reúnem em uma parte bem específica do estabelecimento. Os pacientes que vêm para uma consulta são anunciados pelo nome e, no caso dos que estão internados, um prontuário com nome está sempre ao alcance da mão. David Fine suspeita que, inconscientemente, se especializou em uma área muito particular da gastroenterologia a fim de compensar sua deficiência, especialmente no caso das grandes conferências: enquanto certos colóquios internacionais reúnem milhares de pesquisadores, aqueles a que ele assiste "não ultrapassam nunca os 150 participantes, um número pequeno, que cria poucas chances de reencontrar um pesquisador fora de uma conferência".

Só depois dos 30 anos é que David Fine terminou por tomar consciência de seu estado, especialmente graças à sua esposa. "O incidente crucial", contou ele, "ocorreu um dia em uma grande loja em que conversei durante vários minutos com uma jovem que, segundo tudo indicava, me conhecia. Quando ela foi embora, minha esposa me perguntou quem era e porque eu não a tinha apresentado. Respondi que não tinha a menor ideia de quem era ela. Minha esposa foi a primeira a perceber que alguma coisa não estava bem, em vez de interpretar isso como uma distração ou, como pensavam algumas pessoas, como falta de gentileza". Mesmo que ainda lhe aconteça, às vezes, de perdê-la no meio da multidão, mesmo depois de 33 anos de casamento, sua esposa lhe serve de guia durante as festas a que o casal comparece.

Mas a ajuda dela não se resume à vida em sociedade. Eu me perguntei como David Fine se sairia em um exercício aparentemente tão comum quanto assistir a um filme. "Tenho muita dificuldade em acompanhar filmes ou séries de televisão", disse ele. "Se estamos em casa, minha esposa faz um comentário direto ('é o assassino, mas ele tirou o chapéu' etc.), mas isso é bem mais complicado no cinema ou no teatro. Reconheço as vozes, mas infelizmente não sou muito bom nisso. Eu me saio muito melhor com as roupas, que, entretanto, podem mudar de uma cena para outra. Minha esposa segue a carreira dos atores, quanto à mim, paro nos personagens e não vou além disso para reconhecer os artistas que estão por trás deles. É por esse motivo que sei muito poucos nomes de atores. Por outro lado, na música clássica e especialmente no *jazz*, sou capaz de reconhecer os intérpretes sem olhar, simplesmente por seu estilo."

Atualmente, quando se apresenta a alguém, David Fine avisa a seus interlocutores que sofre de prosopagnosia e lhes explica do que se trata. A reação das pessoas é invariavelmente a mesma: "Como é não poder reconhecer as pessoas?". E o médico responde que não consegue responder a essa pergunta: "É como se perguntasse a um cego de nascença como é não poder ver ou a um surdo como é viver sem ouvir". Ele sabe que já o confundiram com o professor Nimbus, de tal modo perdido em seus pensamentos que nem reconhece as pessoas que encontra, ou com alguém mal-educado, incapaz de dizer bom dia a um conhecido, ou mesmo com um autista. Agora que é sexagenário, um de seus maiores medos é que seu comportamento seja atribuído a uma demência senil.

Eu quis fazer uma última pergunta a David Fine sobre uma questão que ele não abordou em seu artigo: ele se reconhece? Não no espelho do banheiro, mas nas fotos. "Em geral, consigo me encontrar em uma fotografia desde que eu saiba que estou nela", respondeu ele. "Eu a examino de modo sistemático, olhando todos os homens e dando uma atenção particular às roupas; tenho o costume de usar cores vivas, o que me ajuda. Muitas vezes, eu me lembro de quando a fotografia foi tirada e, consequentemente, onde estou ou o que estava fazendo. Nos últimos anos, percebi que tenho uma tendência a me inclinar para a direita por causa de um problema nas costas, e essa também é uma boa indicação. Nas antigas fotos da escola, procuro um garoto bem grande ao lado do qual sei que me encontrava e procuro perto dele. Mas se a foto foi tirada sem que eu percebesse, é bem mais complicado e, se não me derem pistas, não consigo encontrar a mim mesmo." David Fine não respondeu diretamente à minha pergunta. Mas, nas entrelinhas, compreendemos que seu rosto lhe parece o de um desconhecido.

Janeiro de 2013

Onda: será que uma bomba pode criar um tsunami?

Isso é previsível. No pano de fundo da ansiedade alimentada pela mídia em modo de "crise", era de se prever que, como no caso de 11 de setembro, a teoria da conspiração viesse a se envolver na catástrofe japonesa de Fukushima. Foi um comentário deixado em uma nota a respeito da hipótese de um *megatsunami* no Atlântico que me deixou com uma pulga atrás da orelha. Um internauta disse (corrigi os erros de ortografia): "Você se esqueceu também dos *tsunamis* causados pelo homem (Estados bandidos, militares etc., ou mesmo Haiti e talvez outros, e aqui não existem limites)". Não precisei de mais de alguns segundos para encontrar, no site *AboveTopSecret*, ponto de encontro de inúmeros conspiracionistas, ufólogos e outros adeptos de sociedades secretas, um texto cujo título, traduzido para o português, era "O *tsunami* japonês foi criado pelo homem?".

Ciência de A a X

Sabemos já há vários anos que algumas atividades humanas (perfurações profundas ou lago de retenção de uma barragem, por exemplo) têm a capacidade de provocar pequenos tremores de terra, alguns dos quais não são insignificantes. Mas daí a criar um *tsunami*, há uma grande distância. Era preciso, portanto, encontrar outra coisa, um detonador mais potente, e nada melhor do que o exército para isso. Para apoiar suas suspeitas, o texto em questão menciona uma experiência militar pouco conhecida, realizada no final da Segunda Guerra Mundial pelos neozelandeses com a cooperação da marinha norte-americana e dos conselheiros científicos britânicos: o projeto Seal. Seu objetivo era provocar um *tsunami* com explosões submarinas bem calculadas. Quando se trata de encontrar novas armas para combater o inimigo, não falta imaginação aos militares.

Segundo o relatório final do projeto Seal, atualmente não mais confidencial, que recebi, a história começa em janeiro de 1944, em plena guerra do Pacífico, quando um oficial da aviação do exército neozelandês disse ter observado que as explosões no mar às vezes provocavam grandes ondas. Rapidamente, surgiu a ideia de usar o oceano como uma arma contra o Japão (isso não é invenção). Foi nesse contexto que, depois de testes preliminares realizados na Nova Caledônia, cerca de 3.700 experiências, classificadas como secretas, foram feitas entre 6 de junho de 1944 e 8 de janeiro de 1945 pelo pesquisador australiano Thomas Leech, perto da península neozelandeza de Whangaparaoa. Objetivo oficial: determinar o potencial de "inundações ofensivas por ondas geradas por meio de explosivos". As cargas utilizadas foram de alguns gramas a trezentos quilos de TNT. Os testes de grande escala aconteceram no mar e os testes de pequena escala foram feitos em uma bacia de testes de 365 m × 60 m, construída para a ocasião.

O projeto Seal foi encerrado de modo um pouco abrupto, em janeiro de 1945, "antes", escreveu Thomas Leech, "que todo o programa experimental fosse completado e que os problemas científicos fundamentais fossem resolvidos". Dois motivos foram mencionados no relatório: desacordos com os britânicos, que não acreditavam no projeto, e o progresso dos aliados no Pacífico, que obrigou o Japão a deixar as áreas conquistadas uma após a outra. Não sendo mais prioritário, o projeto Seal foi interrompido. Isso não impediu Thomas Leech de fazer uma lista de suas primeiras conclusões. Inicialmente, afirmou ele, o conceito de "inundações ofensivas" foi validado. As experiências permitiram descobrir que, ao contrário do sugerido pela intuição, não é porque os explosivos foram colocados no fundo do oceano que serão mais eficazes. A bolha criada pela deflagração transmite melhor sua energia à massa de água se for criada perto o bastante da superfície, em uma zona chamada de "profundidade crítica". Outra descoberta, uma bomba isolada será ineficaz; é preciso repartir cuidadosamente várias cargas para "cuidar" da geometria da explosão e criar um trem de ondas mais destruidor. O pesquisador australiano, que redigiu o relatório final em 1950, não deixou de imaginar o uso de várias bombas atômicas para obter um máximo de potência.

Thomas Leech observou, porém, que, se é possível obter por meio de explosivos a mesma amplitude de onda de um *tsunami* de origem sísmica, o comprimento de onda é claramente mais curto. Esse é o ponto crucial, segundo o geofísico norte-americano Jay Melosh, especialista em crateras de impacto e que, portanto, se interessou pelo *tsunami* que poderia ser criado por um asteroide que caísse no oceano. É o comprimento de onda muito extenso que permite que as ondas dos *tsunamis* não "quebrem" ao chegar perto das costas, como ocorre com as vagas criadas pela ondulação do mar. Consequentemente, um *tsunami* provocado por bombas não penetraria no interior do continente. Por outro lado, ele poderia

CIÊNCIA DE A A X

ser perigoso para todos os barcos que navegassem nas zonas costeiras, criando fortes turbulências nesse local.

Assim, sinto muito por todos os fãs de teorias da conspiração, mas o *tsunami* de 11 de março não foi um monstro criado por militares ou terroristas. E também não podemos considerá-lo, como fez um internauta de humor duvidoso, como uma vingança das baleias contra o país que mais as caça.

Março de 2011

Onívoros: o câncer está realmente no nosso prato?

A cada ano, são realizados e publicados milhares de estudos no domínio da nutrição, que trazem resultados gordos para as revistas: à exceção, talvez, dos maçons, nada constitui agora um melhor artigo superficial do que esses alimentos que fazem "bem" (ou "mal") e essas dietas fantásticas graças às quais você pode viver 150 anos. Chega-se a ponto de encontrar lados bons no sobrepeso, estatisticamente correlacionado a uma maior longevidade, sem dizer precisamente a natureza verdadeira dessa relação. E, é claro, esse grande contingente de estudos inclui inúmeros trabalhos a respeito da ligação entre o câncer e tal ou qual alimento, que aumenta ou diminui suas probabilidades de consumir a doença no seu prato, às vezes com alimentos que, segundo as pesquisas, se encontram classificados nas duas categorias. Entre os numerosos exemplos, podemos citar o leite e os laticínios, muitas vezes acusados de favorecer o câncer da próstata. Publicada no *American Journal of Epidemiology,* uma análise realizada com mais de 80 mil homens acompanhados durante uma década, no entanto, não encontrou nenhuma associação entre o consumo desses alimentos e o câncer.

Para algumas mídias, essas polêmicas entre pesquisadores são como pão bento. Em vez de se questionar sobre as razões profundas dessas contradições científicas, elas aplicam o maravilhoso adágio jornalístico segundo o qual "uma informação e seu contrário rendem dois números, querido". No entanto, existem perguntas a serem feitas: essas contradições indicam fraudes, protocolos experimentais suspeitos, falsos positivos, seleção de resultados que vão na direção desejada? Acontece muitas vezes que, quando a experiência não traz o resultado esperado – o que é, no entanto, também em si mesmo um resultado científico –, os pesquisadores esquecem oportunamente alguns jogos de dados a fim de só conservar os mais "evidentes". Isto é, aqueles que têm mais chances de ser aprovados pelas revistas, que preferem artigos que contenham "descobertas". Isso é chamado de viés de publicação. Qual é a parte real de todos esses fenômenos nos estudos que dizem que tal alimento aumenta ou diminui o risco de desenvolver um câncer? Essa pergunta está no centro de um artigo publicado no *American Journal of Clinical Nutrition,* escrito por dois pesquisadores norte-americanos, Jonathan Schoenfeld e John Ioannidis. Esses dois autores examinaram cerca de trezentos estudos recentes que

CIÊNCIA DE A A X

associavam câncer e alimentação a fim de avaliar a metodologia e também a honestidade intelectual deles. Para isso, eles sortearam cinquenta alimentos ao acaso em um bom e antigo livro de receitas culinárias, o *Boston Cooking-School Cook Book*, um tijolo com mais de setecentas páginas, publicado pela primeira vez em 1896. Em seguida, eles fizeram uma pesquisa documental no banco de dados PubMed, especializado em pesquisas biológicas e médicas, a fim de descobrir estudos recentes que associassem esses cinquenta ingredientes ao câncer, em qualquer sentido que isso ocorresse. Eles extraíram, de cada artigo, todos os dados e também as conclusões sobre o risco (aumentado, diminuído, nem um nem outro, marginal). Depois, verificaram se os resultados haviam sido interpretados segundo as recomendações científicas padronizadas.

E esse era o calcanhar de aquiles deles. Em 80% dos estudos, a base estatística dos efeitos constatados foi, realmente, considerada "fraca, ou mesmo não significativa". Ou seja, a ligação entre o alimento e o câncer se revela frequentemente tênue, quando não é imaginária. A apresentação dos resultados se mantém frequentemente no limite da desonestidade intelectual; sete vezes em dez, os pesquisadores esqueceram oportunamente de assinalar os resultados não significativos (isto é, aqueles que não vão no sentido da hipótese de trabalho) no resumo de seu estudo, mesmo sabendo que o resumo é a seção lida primeiramente por seus colegas pesquisadores ou pelos médicos que folheiam as revistas. Perseguindo os vieses sem a menor piedade, Jonathan Schoenfeld e John Ioannidis observaram que a amplitude dos efeitos é muitas vezes exagerada nos estudos e que não existe um protocolo padronizado para as pesquisas sobre a relação entre alimentos e câncer. Não é sem ironia que um de seus gráficos mostra que, no que se refere a alguns alimentos como o vinho, o leite, os ovos, o milho ou o café, alguns estudos concluem que existe um agravamento do risco de

PIERRE BARTHÉLÉMY

câncer ligado a seu consumo, e outros estudos obtêm o resultado inverso. Isso não significa evidentemente que tudo deva ser jogado ao lixo nem que não haja nenhum risco no consumo exagerado de um ou outro alimento, mas lembremos principalmente que é preciso olhar duas vezes os dados dos estudos antes de se lançarem manchetes estrondosas e *slogans* definitivos. Em conclusão, os dois pesquisadores destacam que, quando seus colegas maquiam os números ou os interpretam de modo exagerado, há um grande risco de levar a pesquisa biomédica na direção de pistas falsas e dar ao público conselhos dietéticos equivocados.

Não é a primeira vez que encontramos o nome de John Ioannidis em um estudo cáustico desse tipo. Esse epidemiologista da Universidade Stanford (ele dirige especificamente o Centro de Pesquisa em Prevenção) se especializou na análise detalhada das bases estatísticas que sustentam as pesquisas biomédicas. Sua ação mais retumbante ocorreu em 2005, quando ele publicou na revista *PLoS Medicine* um artigo com um título provocador: "Por que quase todas as descobertas publicadas são falsas". Esse artigo, acessado cerca de 700 mil vezes, o que é muito, mostrou que havia alguma coisa de podre no reino das publicações em biomedicina, pois as bases estatísticas sobre as quais se apoiava um bom número de estudos não eram suficientemente rigorosas para que os resultados obtidos tivessem um valor verdadeiro. Foram muitos os vieses encontrados na concepção de ensaios clínicos que deveriam levar a decisões sobre o mercado de medicamentos. Não se tratava somente de problemas estatísticos puros; o artigo dizia especialmente que "quanto mais frequentes forem os interesses financeiros e outros assim como os preconceitos em um domínio científico, menor a probabilidade de que as descobertas sejam verdadeiras".

Foram encontrados também muitos vieses nos trabalhos de genética, que associavam tal gene a qual risco de desenvolver uma doença. Como John Ioannidis explica em um artigo publicado em 2012 na revista de Stanford, "até cinco ou seis anos atrás, o paradigma era termos 10 mil estudos por ano falando de um ou de vários genes que alguém considerara importantes nos casos de doenças genéticas. Os pesquisadores diziam ter encontrado o gene da esquizofrenia ou do alcoolismo ou de sei lá o quê, mas insistiam muito pouco no fato de que era preciso reproduzir [suas descobertas]. Desde que tentamos reproduzi-las, elas não se mantiveram, na maior parte do tempo. Algo como 99% da literatura não era confiável".

Janeiro de 2013

Os suspeitos: o seu andar diz quem você é

A biometria, a tecnologia de identificação das pessoas graças a suas características físicas únicas, concentra-se há muito tempo em duas partes de nosso corpo: as mãos e o rosto. Com certeza, pensamos em primeiro lugar nas impressões digitais, cuja utilização com finalidades policiais remonta ao século XIX. Mas outras medidas e técnicas servem para diferenciar um indivíduo de seu vizinho, como a geometria da mão ou seus padrões venosos, a estrutura do rosto, o reconhecimento da voz, da íris, da retina, a dinâmica da assinatura ou ainda o modo que digitamos em um teclado de computador. Quase todas essas soluções biométricas exigem a participação ativa da pessoa cuja identidade desejamos verificar: é preciso colocar o dedo em um receptor, os olhos diante de uma câmera, a mão em um aparelho etc. Quando os policiais, agentes alfandegários e outros representantes da ordem desejam identificar as pessoas em uma multidão de maneira discreta e não invasiva, apenas o reconhecimento do rosto pode funcionar, por meio de câmeras de segurança. Mas essa tecnologia tem limites, especialmente se a luz for muito ruim ou se as pessoas caminham de cabeça baixa. É por esse motivo que ela é geralmente implantada em pontos de controle, seja em aeroportos ou em estádios.

É difícil, portanto, identificar pessoas em uma plataforma de metrô ou em um grande salão. A menos que não se tente reconhecê-las pelo rosto, mas pelo andar. Uma abordagem paradoxal, pois, à primeira vista, como sugere a canção "o melhor modo de andar, é ainda o nosso, é pôr um pé na frente do outro e recomeçar", não existe nada mais banal do que andar. O calcanhar toca o chão primeiro, o pé se movimenta para a frente, levanta-se sobre a planta e apoiamos até a ponta dos dedos.

No entanto, por trás dessa banalidade repetitiva, existe uma infinidade de pequenas variantes, e cada indivíduo, em razão de suas características corporais e da maneira de mover seus membros, tem um andar que lhe é próprio. Além disso, os seres humanos são muito capazes de reconhecer seus semelhantes por seu modo de se deslocar. A questão é saber se uma máquina é capaz de realizar essa tarefa sem se enganar.

Diversos estudos já foram feitos sobre esse assunto. Para isso, os pesquisadores instalaram redes de receptores de pressão no chão e pediram a voluntários que andassem descalços para mais precisão. As taxas de reconhecimento foram bastante boas, entre 80% e 85% na maioria, com alguns picos acima de 90%. Todavia, em um estudo publicado pela revista *Interface*, uma equipe internacional ressaltou que as amostras testadas até o momento foram relativamente pequenas (trinta pessoas no máximo) e aceitou o desafio de replicar a experiência com mais de cem pessoas. Cento e quatro "cobaias" foram assim recrutadas e cada um deu dez passos – cinco com o pé direito e cinco com o pé esquerdo – em um solo suficientemente recheado com receptores de pressão de modo a obter imagens com uma resolução de cinco milímetros.

CIÊNCIA DE A A X

A dinâmica de cada passo, a pressão exercida por centímetro quadrado, a forma do pé, todos esses dados foram registrados e processados por um algoritmo otimizado. Dos 1.040 passos testados, o programa criado pela equipe reconheceu corretamente 1.036 (519/520 para o pé direito, 517/520 para o pé esquerdo), ou seja, uma taxa de sucesso de 99,6%. Esse tipo de percentual começa a agradar aos especialistas de biometria. O problema é que raramente vamos descalços ao metrô ou ao aeroporto. Portanto, a próxima etapa será testar a técnica com calçados, o que provavelmente reduzirá a precisão das medidas (ou obrigará os pesquisadores a trabalhar com mais passos). Além disso, não andamos do mesmo modo de rasteirinhas ou de saltos-agulha. Por fim, ao contrário do que ocorre com as impressões digitais, é possível modificar o andar para não ser reconhecido.

Lembre-se, no filme *Os suspeitos*, um dos maiores vilões de cinema dos anos 1990, Keyser Sôze, fingia mancar.

Setembro de 2011

Ossadas: Teutobochus, o gigante que não era

A cena se passa há quatro séculos, em 11 de janeiro de 1613. A pouca distância de Romans-sur-Isère, operários que trabalhavam em um areal fizeram uma descoberta macabra. Extraíram vários ossos da areia, mais especificamente duas vértebras, dois pedaços de mandíbula com dois dentes completos e fragmentos ou raízes de outros quatro, além de alguns ossos do pé e da perna. Tudo isso tinha uma particularidade notável: as dimensões dos ossos eram muito superiores às que encontramos no esqueleto de um ser humano. Um depoimento da época relata que "o osso da perna ou da coxa tinha mais de cinco ou seis pés de altura, ou mais ou menos isso, e uma largura proporcional". O sistema métrico estava longe de ser inventado, e o pé da época, na França, media 32,6 cm, o que dá um osso de quase dois metros de comprimento.

Um cirurgião local, Pierre Mazuyer, compreendeu depressa como podia se aproveitar dessa descoberta surpreendente e transformá-la em atração de feira. O boato se espalhou dizendo que uma pedra tumular, com uma inscrição gravada em latim – *Theutobochus rex* – acompanhava os ossos e que também haviam sido encontradas medalhas romanas. Esses elementos, segundo um livreto encomendado por Mazuyer, indicavam que se tratava dos restos de um rei teutão, Teutobochus, vencido e aprisionado pelo general romano Caio Mário, em 102 a.C., perto da atual Aix-en--Provence. Um rei que o historiador romano Flório representava como um verdadeiro gigante. Escrevendo mais de dois séculos depois da batalha de Aix, Flório garante que Teutobochus "tornou-se, por seu tamanho gigantesco que se elevava até mesmo acima dos troféus, o mais belo ornamento do triunfo", quando Mário entrou em Roma como vencedor.

A história dos ossos do rei bárbaro recuperados ficou de tal forma famosa, nesse início do século XVII, que os supostos restos de Teutobochus foram parar, em outubro de 1613, na corte de um outro rei, Luís XIII, então com apenas doze anos. É preciso dizer que o livreto do qual falei acima e que se intitula *Discours véritable de la vie, mort, et des os du géant Theutobocus* era escrito em tom espetacular, explicando, por exemplo, que um dos dentes fósseis se assemelha, "em forma e tamanho, ao pé de um touro de vinte meses". "Se podemos julgar o leão pela unha", continua o texto, "deixo que imaginem qual grossura devia ter o pescoço dele [Teutobochus]". A partir do tamanho das vértebras, o autor estimou o tamanho do teutão em 25 pés, ou seja, mais de oito metros. O jovem Luís XIII, surpreso com esses ossos, perguntou se tais gigantes podiam ter existido, e responderam-lhe que sim.

Havia um homem menos crédulo. Ele se chamava Jean Riolan. Professor do Colégio Real e da Faculdade de Medicina de Paris, em 1618, ele se levantou contra a tese do gigante durante uma longa discussão com o cirurgião Nicolas Habicot, que apoiava seu colega Pierre Mazuyer. A disputa não tinha muita sabedoria e se transformou em uma briga entre a corporação dos médicos e a dos barbeiros-cirurgiões, mas, de qualquer modo, por ser especialista em anatomia, Riolan sabia que não existia nenhum exemplo de homem que tivesse atingido nem mesmo a metade do tamanho do suposto Teutobochus. Ele expôs a falsificação e tentou apresentar um raciocínio científico; ele supôs que os ossos em questão fossem de um animal muito grande, um elefante ou uma baleia, enterrados no areal fazia muito tempo. A hipótese era ainda mais audaciosa porque, evidentemente, a paleontologia ainda não existia e, provavelmente, mal se compreendia na época como um fóssil de elefante, animal africano ou asiático, ou de baleia, mamífero marinho, poderia ter chegado a Bas-Dauphiné. Por outro lado, também não era fácil explicar como e por que o corpo de Teutobochus, sem dúvida executado em Roma depois do triunfo de Mário, havia cruzado os Alpes.

Depois de 1618, a disputa se extinguiu. O mistério permaneceu durante mais de dois séculos, até que foram recuperados, em 1832, em um sótão em Bordeaux, quase todos os ossos atribuídos a Teutobochus, que foram enviados ao Museu de História Natural de Paris. Desde a época de Luís XIII, a ciência havia feito algum progresso e, em um artigo publicado em 1835 em *Echo du monde savant*, o zoólogo e anatomista Henri-Marie Ducrotay de Blainville explicou que "a estrutura dos dentes formando uma coroa eriçada com várias fileiras de tubérculos protuberantes e sustentada por verdadeiras raízes não pôde deixar nenhuma dúvida sobre o gênero dos mamíferos a que esses ossos pertenceram: era um mastodonte".

PIERRE BARTHÉLÉMY

Em francês, a palavra mastodonte designa os membros extintos de várias famílias de Proboscidea, uma ordem de mamíferos cujos únicos representantes ainda vivos são os elefantes. Vê-se que a suposição de Jean Riolan era bastante razoável, mesmo que o médico provavelmente nunca tivesse visto um esqueleto de elefante na vida. Essa identificação expôs *a posteriori* a fraude de Mazuyer, que havia inventado a pedra tumular do rei teutão e as medalhas romanas.

Caso arquivado? Não completamente. Em 1984, em uma gaveta do Museu Nacional de História Natural de Paris, o paleontólogo francês Léonard Ginsburg pôs a mão em uma velha moldagem de dentes com a etiqueta "Teutobochus". Grande especialista em mamíferos do Terciário, ele percebeu que não se tratava de um dente de mastodonte. O fóssil pertencia, na verdade, a um dinotério, um Proboscidea também desaparecido. Quanto ao corpo do verdadeiro Teutobochus, ninguém sabe o que lhe aconteceu.

Janeiro de 2013

P de...

Passa-passa: a medalha de ouro desaparecida de dois Prêmios Nobel

Era uma vez duas medalhas de ouro entregues com o Prêmio Nobel que desapareceram durante a Segunda Guerra Mundial e foram recuperadas em seguida. É uma história de pesquisadores, engenhosidade, ouro e nazistas que bem poderia fazer parte de um episódio de Indiana Jones. Ela começa em Copenhague, em abril de 1940, quando os alemães invadiram a Dinamarca. Um dos maiores cientistas da época, Niels Bohr, Prêmio Nobel de Física de 1922 e diretor do Instituto de Física Teórica de Copenhague, que hoje leva seu nome, ficou extremamente preocupado. Niels Bohr, que também é um dos pais da mecânica quântica, tinha ouro que mais parecia uma batata quente nas suas mãos. No entanto, ele agira de modo honrado: esse ouro era o de duas medalhas Nobel que lhe foram confiadas por dois pesquisadores alemães que se opunham aos nazistas, Max von Laue, Prêmio Nobel de Física de 1914, e James Franck, que recebeu a mesma distinção em 1925.

Nessa época, as medalhas dos Prêmios Nobel eram feitas de ouro quase puro (23 quilates, em comparação com o ouro dezoito quilates de hoje), pesavam duzentos gramas, tinham 66 milímetros de diâmetro e, sobretudo, traziam gravado o nome do laureado. Como era um crime tirar ouro da Alemanha, Bohr quis fazer desaparecer o mais depressa possível as duas medalhas, ao mesmo tempo para que elas não caíssem nas mãos do exército alemão e para evitar problemas a seus legítimos proprietários. Sabendo bem que os alemães iriam vasculhar minuciosamente seu instituto, ele julgou muito arriscado tentar escondê-las. O húngaro George de Hevesy, que na época trabalhava no instituto, contou mais tarde: "Sugeri que enterrássemos as medalhas, mas Bohr não gostou dessa ideia, pois elas poderiam ser desenterradas". Futuro Prêmio Nobel de Química em 1943, Hevesy teve então uma ideia mais ligada com sua especialidade. Se não era possível esconder as medalhas, por que não dissolvê-las?

O problema é que o ouro não é um elemento que se deixe dissolver facilmente e, em parte, é isso que lhe confere valor. O metal amarelo tem uma estabilidade quase a toda prova e não reage praticamente com nada. Nenhum ácido isoladamente poderia conseguir isso. Por outro lado, a água régia pode fazê-lo. Conhecida desde a Idade Média, essa "água régia" (assim chamada porque pode dissolver os metais nobres, ou seja, ouro e platina) é na verdade uma mistura de ácido nítrico e ácido clorídrico. O primeiro consegue arrancar os elétrons do ouro, o que permite que os íons de cloreto do segundo se liguem a ele. A reação é longa e levou o dia inteiro, mas quando os alemães chegaram ao Instituto de Física Teórica e o vasculharam de cima a baixo, não deram atenção ao grande recipiente cheio com uma solução alaranjada que estava em uma prateleira.

A história não termina com essa primeira vitória da ciência sobre os nazistas. Hevesy, que é judeu, em 1943, teve de deixar Cope-

CIÊNCIA DE A A X

nhague e ir para a Suécia, um país mais seguro. Quando voltou ao Instituto depois do final da guerra, o recipiente ainda estava onde ele o deixara, com o ouro das duas medalhas do Prêmio Nobel dissolvido em seu interior. "Nada se perde, nada se cria, tudo se transforma" disse Lavoisier, pai da química moderna. Portanto, só foi preciso inverter a reação, separar o ouro dos íons de cloreto e recuperá-lo. O metal precioso foi enviado à Fundação Nobel, que forjou novamente as medalhas e as remeteu a Max von Laue e a James Franck. Um magnífico passa-passa químico.

Outubro de 2011

Periquita: quem descobriu o clitóris?

Quando meus olhos caíram sobre o título do estudo, parei para ler. Em geral, os artigos das revistas científicas têm títulos extremamente atraentes como "Propriedades de adsorção com seletividade para poros, alternáveis e protetoras por grupo, de uma estrutura metalorgânica hidrofílica/hidrofóbica" ou "Reconciliação da estrutura hemisférica do núcleo interno da Terra com a super-rotação". Mas esse era bem diferente, curto e claro: "Colombo e o clitóris". Durante um breve instante, tive a visão grotesca do herói da série de TV da minha infância investigando um *sex-shop* de Los Angeles, passeando com seu impermeável surrado e seu charuto fedido entre pilhas de revistas pornográficas e falando de sua mulher diante de uma vitrine de pênis artificiais. Até que me dei conta de que o nome do tenente Columbo era escrito com "u" e não com "o". Quem seria então esse Colombo e que diabos tinha a ver com o clitóris?

Publicado no *European Journal of Obstetrics & Gynecology and Reproductive Biology*, o estudo de Mark Stringer e Inès Becker, que

201

trabalham na universidade de Otago, em Dunedin (Nova Zelândia), evoca a figura do anatomista italiano do século XVI, Realdo Colombo, que afirmou ter descoberto a circulação pulmonar e o clitóris. Evidentemente, é sempre presunçoso declarar esse tipo de coisas (como se as mulheres não conhecessem seu corpo), e isso me fez pensar em Cristóvão Colombo, que descobriu a América mesmo que os "índios" vivessem nela já há mais de dez mil anos.

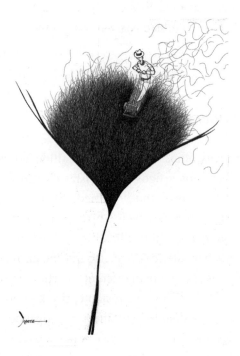

Realdo Colombo ensinava anatomia em Pádua, Pisa e Roma, onde foi também um dos cirurgiões do Papa Júlio III.

Ele realizou inúmeras autópsias (entre elas a do fundador da Companhia de Jesus, Ignácio de Loyola), o que lhe deu uma verdadeira familiaridade com o corpo humano. Na única obra que deixou para a posteridade, sobriamente intitulada *De re anatomica,* e que redigiu de 1542 até sua morte, em 1559, Realdo Colombo explica a seu leitor (que é necessariamente um homem) onde se situa o clitóris e que esse órgão "é a fonte principal do prazer das mulheres durante as relações sexuais". Como um conquistador que finca sua bandeira em uma terra nova, Colombo acrescenta que "se tiver permissão de dar um nome às coisas que descobri, isso deveria ser chamado de amor ou doçura de Vênus. Nem se pode dizer a que ponto estou surpreso pelo fato de que numerosos e admiráveis anatomistas não o tenham detectado [...]".

Em uma época em que a anatomia passava por uma revolução, e os médicos tinham inveja uns dos outros e rivalizavam em anúncios estrondosos, essa fanfarronice era quase normal. No entanto, ao se declarar como descobridor do "botão do amor", Colombo desencadeou uma verdadeira batalha do clitóris! De fato, um de seus rivais italianos, Gabriele Falloppio, também conhecedor do aparelho genital feminino, pois tinha descoberto as trompas que têm seu nome aportuguesado, Falópio, explicou, em suas *Observationes anatomicae*, publicadas dois anos depois da morte de Colombo, mas escritas por volta de 1550, que o clitóris está "tão escondido que [eu] fui o primeiro a descobri-lo e, se outros falaram deles, saibam que eles aprenderam comigo ou com meus alunos".

Na verdade, nem Colombo nem Falloppio tinham razão. Do mesmo modo como Cristóvão Colombo não foi o primeiro europeu a pisar em solo americano, pois o continente havia sido visitado pelos *vikings* cinco séculos antes, os dois médicos italianos, para desgosto de seu ego, haviam sido precedidos no terreno clitoriano. Assim, como lembram Mark Stringer e Inès Becker em seu estudo, "o clitóris era conhecido pelos autores gregos, persas e árabes que escreviam sobre medicina e cirurgia, mesmo que houvesse muitas ideias falsas sobre a sua função". Nós o encontramos em Hipócrates, Avicena e Abulcasis, um cirurgião árabe que viveu na Andaluzia por volta do ano mil. Mas o clitóris, muito discreto por natureza, pois a maior parte dele está oculta nas carnes, durante séculos e séculos, demonstrou a incrível capacidade de se fazer esquecer e redescobrir pela medicina. Mesmo no século XX, ele desapareceu de numerosas obras de anatomia, não por esquecimento científico, mas por razões de ideologia, tabu e convenções culturais, antes de retomar, pouco a pouco, seu lugarzinho nas pranchas dedicadas às partes pudendas.

No final da pesquisa, continuamos a ignorar qual foi o sábio que "descobriu" esse órgão tão pouco conhecido. Porém, é engraçado ver esses anatomistas da Renascença disputando e soando as trombetas de seu próprio renome em seu benefício. Do mesmo modo como é engraçado ler, um século depois de Colombo e Falloppio (o duo do "clitóris"), o anatomista holandês Reinier de Graaf descrevendo com um tanto de exagero a importância e o papel do que, na gíria, chamamos – entre outros nomes – de periquita: "Se essa parte dos órgãos genitais não fosse dotada de uma sensibilidade tão viva ao prazer e à paixão, nenhuma mulher quereria assumir uma longa e enfadonha gestação de nove meses, o doloroso e muitas vezes fatal processo de expulsão do feto e a angustiante tarefa de educar as crianças". Sic.

Abril de 2011

Pipi: por que o pênis tem essa forma?

Um dia, uma leitora bastante curiosa com as coisas da natureza me perguntou por que o pênis tem essa forma tão característica de cogumelo. Uma moça muito perspicaz... Pois assim é, como cantava com inspiração Pierre Perret, "tudo tudo tudo, você sabe tudo sobre o pipi. O verdadeiro, o falso, o feio, o belo, o duro, o mole com um pescoço, o grande e grosso, o pequeno e bochechudo, o grande e enrugado, o monte pelado. Tudo tudo tudo, eu lhe direi tudo sobre o pipi". Antes de abordar a questão da forma, vamos responder à delicada pergunta sobre o tamanho. Sem querer desagradar aos fabricantes de extensores de pênis, o homem, em comparação a seus primos primatas, é de longe o mais bem dotado e, considerando-se as dimensões da vagina, não tem necessidade de ser mais imponente do que já é.

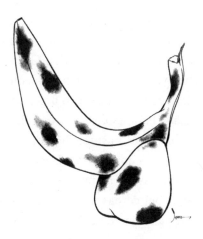

Além de se distinguir pelo tamanho, o pipi humano é singular pela forma. Se você não tiver um à disposição ou se estiver lendo no metrô, seria indelicado tentar relembrar a anatomia em um transporte público. Então, faça um esforço de memória, mesmo que seu último encontro com o negócio tenha sido há muito tempo. No homem, a glande é muito marcada, a ponto de o diâmetro da coroa da glande, aquela espécie de reborda que separa a glande do resto do pênis, ser maior do que o diâmetro do corpo do pênis. Nos nossos primos macacos, por outro lado, essa quebra de continuidade é bem menos clara. Por quê?

Como milhões de anos de evolução puderam resultar nessa forma específica?

Em um artigo notável, publicado na *Evolution and Human Behavior*, o psicólogo evolucionista norte-americano Gordon Gallup apresentou uma hipótese audaciosa, com base na ideia de que se trata de uma estratégia desenvolvida pelo homem para otimizar suas chances de se tornar pai (e, portanto, de transmitir seus genes) ao expulsar mecanicamente da vagina o esperma que poderia ter sido nela depositado – talvez por um outro macho, pois, como bem se sabe, as mulheres são volúveis – durante uma relação sexual anterior. De fato, os espermatozoides sobrevivem de 48 a 72 horas, e a competição entre os homens também poderia ocorrer no interior do corpo feminino. E Gordon Gallup, que se tornou famoso ao conceber o teste do espelho para medir a consciência de si entre os animais, levou sua ideia até o fim, fazendo experiências com próteses sexuais. Para isso, ele e seus colegas injetaram em vaginas artificiais diferentes misturas líquidas de água e farinha, com viscosidade similar à do esperma. Depois, eles introduziram pênis artificiais de formas diferentes: dois reproduziam um pênis de maneira realista, com coroas mais ou menos marcadas, e um não tinha coroa e fazia o gênero pepino.

Ao observar esse coito sintético, os pesquisadores logo perceberam que o pseudoesperma injetado no início da experiência era 91% deslocado para trás da coroa, como se tivesse sido varrido para a entrada da vagina. Por outro lado, quando a coroa estava ausente, esse número caía para 35%. Evidentemente, quanto mais o pênis artificial era enfiado profundamente e quanto mais enérgicos eram os movimentos de vaivém, mais a coroa expulsava o "esperma". Esse fenômeno poderia "colar" com a hipótese de partida? Falando claramente, quando o homem tem motivos para pensar que sua companheira poderia ter tido relações sexuais com outros (por ela ter admitido que o traiu ou por ele ter estado ausente por alguns dias), será que ele transa com mais intensidade? Para descobrir, Gallup e seus colegas fizeram duas pesquisas anônimas com mais de duzentos estudantes, moças e rapazes não identificados. As pessoas interrogadas estavam majoritariamente convencidas de que, depois de uma infidelidade da companheira ou de uma ausência, o "macho", durante o ato carnal, aumentava ao mesmo tempo a profundidade da penetração e o ritmo de seus golpes de quadril, CQD (como queríamos demonstrar).

A hipótese da competição espermática para explicar a forma tão peculiar do pênis humano parece, portanto, ser muito convincente depois desse estudo tão original. Contudo, em uma carta publicada em 2009 nos *Archives of Sexual Behavior*, o ginecologista norte-americano Edwin Bowman questionou essa teoria. Esse médico concorda com a afirmação de que a coroa serve, de qualquer modo, para fazer uma limpeza nas paredes da vagina. Mas, para ele, não se trata de eliminar os eventuais espermatozoides concorrentes, porque eles provavelmente ou já estão mortos ou já avançaram demais na intimidade feminina. A limpeza atua sobre as secreções vaginais ácidas, muitas vezes mortais para os espermatozoides. Segundo Edwin Bowman, o pênis se adaptou à vagina a fim de preparar o terreno e dar o máximo de chances possível aos gametas que aí se aventurarem. Essa é a prova de que, já há milhões de anos, é possível um verdadeiro diálogo entre os sexos.

Fevereiro de 2011

Polícia: um retrato falado a partir do seu DNA, sem demora

Quando nasce uma criança, o círculo familiar faz o jogo das semelhanças: o bebê tem os olhos da mãe, o nariz do pai (que falta de sorte...) etc. É evidente para todos que a fisionomia é uma herança. No entanto, sabemos poucas coisas sobre os genes que

PIERRE BARTHÉLÉMY

modelam o rosto e dão a cada um de nós, exceto os gêmeos verdadeiros, um rosto reconhecível no meio de todos os outros. O International Visible Trait Genetics Consortium (VisiGen – Consórcio Internacional de Traços Genéticos Visíveis) tem como objetivo preencher essa lacuna, com os objetivos de identificar esses genes, compreender melhor as causas das deformações craniofaciais congênitas e também fornecer à polícia científica os meios de reconstituir o rosto das pessoas a partir de seu DNA, seja porque elas o deixaram em uma cena de crime ou porque seu cadáver foi descoberto sem cabeça.

Em um estudo publicado no *PLoS Genetics*, uma equipe internacional coordenada por Manfred Kayser, pesquisador da Universidade Erasmo, de Roterdã, e codirigente do VisiGen, identificou uma ligação entre cinco genes e determinadas características do rosto. Para isso, os autores desse artigo trabalharam com a fisionomia de cerca de 10 mil pessoas, divididas em vários grupos. Todos os membros dessa população eram de origem europeia, incluídos os participantes do Canadá ou da Austrália, que representavam um terço da amostra. Os rostos de todas essas pessoas foram estudados em fotografias ou por meio de imagens em três dimensões resultantes de ressonância magnética, com o objetivo de definir pontos de observação fixos (pupilas, ponto mais exterior das maçãs do rosto, topo, base e ponta do nariz etc.) e medir a separação entre esses diferentes pontos. Depois, em uma segunda fase, os pesquisadores tentaram associar essas dezenas de medidas com cerca de 2,5 milhões de variações genéticas.

No final, cinco genes foram ligados de modo significativo com as características "espaciais" do rosto, como largura, separação entre os olhos ou proeminência do nariz. A abordagem dos pesquisadores foi auxiliada pelo fato de que três desses genes tinham, no passado, já sido associados com patologias manifestas no rosto (fendas labiais ou palatinas, insuficiência do desenvolvimento do maxilar inferior). Com certeza, com apenas cinco genes, estamos longe de poder dar o DNA para uma máquina e esperar que ela desenhe um retrato falado. Estamos ainda mais longe disso porque a outra grande descoberta do estudo foi que cada gene desempenha apenas um papel modesto na modelagem do rosto: é provavelmente uma combinação de várias centenas de genes, se não mais, que dá a cada pessoa a fisionomia que lhe é própria.

Manfred Kayser disse que esse estudo constitui apenas um ponto de partida.

Entrevistado pelo *The Independent*, ele disse que considerava esses primeiros resultados como "o início da compreensão genética da morfologia do rosto humano". Serão necessários, evidentemente, muitos outros estudos desse gênero, associando imagens em 3D e genética, para identificar todos os genes envolvidos na forma do rosto e compreender como eles interagem. Contudo, Manfred Kayser, mesmo falando em termos de possibilidades, está esperançoso de que a polícia científica, já muito ávida de DNA para identificar ou inocentar suspeitos, venha algum dia a explorar as outras informações ocultas no suporte de dados genéticos: poder desenhar o rosto de uma pessoa a partir de seu DNA "marcaria o fim do retrato falado à moda antiga e constituiria uma melhora em relação ao que relatam as testemunhas oculares, nas quais não podemos verdadeiramente confiar. Não haveria mais o problema da testemunha que lembra mal ou cuja lembrança seja parcial. Isso seria mais preciso".

Obter "previsões" precisas a respeito dos traços faciais a partir do DNA, com finalidades de polícia científica, é uma disciplina em pleno desenvolvimento nos últimos anos, especialmente sob a influência de Manfred Kayser. Desse modo, os estudos demonstraram que é possível ter uma boa ideia da cor dos olhos e também da cor dos cabelos. Da mesma maneira, um elemento importante para os retratos falados, a idade do criminoso, pode ser deduzida desde que ele tenha deixado uma gota de seu sangue na cena do crime. De fato, um estudo publicado em 2010 mostrou que era possível avaliar a idade de uma pessoa estudando os linfócitos T e, em especial, seu material genético, que foi rearranjado quando essas células assumiram sua função de guerreiras do sistema imunológico.

Setembro de 2012

Prisão: prisioneiros em prol da ciência

Em 1971, aconteceu um experimento psicológico tão fascinante quanto controvertido na prestigiosa universidade californiana de Stanford, em Palo Alto. Conduzido pelo professor Philip Zimbardo, atualmente esse experimento é chamado de experiência de Stanford. O objetivo consistia em compreender como e por que as situações se degradavam nas prisões militares. Surgiu assim a ideia de criar uma prisão na universidade. Um anúncio foi publicado, convidando os estudantes do sexo masculino a participar dessa experiência, por uma ou duas semanas, durante as férias de 1971, com uma remuneração de quinze dólares por dia (equivalentes a cerca de oitenta dólares atualmente). Mais de setenta voluntários responderam ao anúncio e 24 foram selecionados segundo critérios de equilíbrio mental e forma física. Com o método de cara ou coroa, nove foram designados para o grupo dos "prisioneiros", nove para o dos "guardas" e seis ficaram como reservas.

Três celas, cada uma com três detentos, foram montadas no subsolo do prédio de psicologia, onde os guardas, divididos em equipes de três, deviam fazer trocas de plantões a cada oito horas. Para os guardas, os pesquisadores haviam definido uniformes cá-

CIÊNCIA DE A A X

qui, provenientes de uma sobra de material do exército, e também óculos de sol com lentes refletoras, destinados a evitar o contato visual com os estudantes-prisioneiros. Tudo era planejado de modo que os prisioneiros se sentissem desumanizados, impotentes, humilhados, destituídos de si mesmos: em primeiro lugar, eles foram presos em casa pela verdadeira polícia de Palo Alto, que havia concordado em participar da experiência. Cada estudante havia, assim, passado pela detenção, a tomada de impressões digitais e as famosas fotos de frente e de perfil, antes de ser levado para a "prisão". Lá, ele se viu com uma meia de náilon sobre a cabeça, para modificar sua aparência, foi privado de todas as roupas, exceto um longo camisolão no qual estava costurado seu número de matrícula, sandálias desconfortáveis como calçados, um colchão no chão e, para ser mais realista, uma corrente presa a seus pés, não para impedi-lo de andar, mas apenas para lembrá-lo a todo momento da opressão do mundo exterior. Mesmo que estivessem equipados com cassetetes, os falsos "carcereiros" não estavam autorizados a usá-los. Porém, os pesquisadores cometeram o erro de se envolver na experiência, desempenhando o papel de administradores da prisão. Eles não tinham ainda avaliado a que ponto todos os participantes terminariam por se envolver em seus respectivos papéis.

No entanto, não aconteceu nada de especial no primeiro dia. Na verdade, Philip Zimbardo, entrevistado na ocasião em um artigo publicado na revista dos ex-alunos de Stanford, explicou que os "guardas", como muitos estudantes da época, estavam imbuídos de uma "mentalidade antiautoritária". Eles se sentiam estranhos com os uniformes. Só entraram no papel de guardas quando os prisioneiros se revoltaram. Estamos na manhã do segundo dia e tudo vai mudar. No momento da rebelião, os prisioneiros tiraram a meia que usavam na cabeça, arrancaram o número e se barricaram nas celas, pondo os colchões contra a porta. Os três guardas da manhã pediram o reforço dos três guardas da tarde, que foram até lá, en-

211

PIERRE BARTHÉLÉMY

quanto os três guardas da noite descansavam. Usando os extintores de incêndio para cobrir os detentos com neve carbônica, os seis homens entraram nas celas, tiraram os colchões, obrigaram os prisioneiros a se despirem e colocaram o "chefe" da rebelião no isolamento. Em resumo, eles retomaram o controle. Conscientes de que não poderiam ficar de guarda 24 horas por dia para manter a igualdade numérica, eles se reuniram e decidiram usar seu poder para obrigar os prisioneiros a obedecer.

Tullius Detritus, o vilão da revista de Asterix *A Cizânia*, publicada um pouco antes da experiência de Stanford, não teria renegado a estratégia adotada pelos guardas. Estes decidiram dividir os prisioneiros em dois campos: os "bons", mimados e bem alimentados, e os "maus", tiranizados, a fim de criar clãs e quebrar a solidariedade. Depois, decidiram misturar de novo os detentos a fim de que os "privilegiados" se transformassem em informantes. Mas não parou aí. Chamadas a qualquer hora do dia ou da noite; privação de sono; proibição de utilizar os banheiros, substituídos por baldes fedorentos; limpeza das latrinas com as mãos nuas; séries de flexões a serem feitas... Tudo aconteceu muito depressa. Depois de apenas 36 horas de experiência, um dos prisioneiros teve um colapso, mas não foi autorizado a sair imediatamente (ele saiu um pouco mais tarde) e, ao ser mandado de novo para a cela, convenceu seus colegas que se tratava de uma prisão verdadeira. Os "parlatórios" organizados com pais e amigos também tiveram resultados surpreendentes, pois os visitantes, surpresos com a rápida degradação física e moral dos jovens, deixaram-se enganar e, em vez de exigir o fim imediato da experiência, entraram no papel de "pai que visita o filho na prisão".

Em muitos aspectos, tudo isso lembra a famosa experiência de Milgram, realizada exatamente dez anos antes e que revelou a incrível submissão à autoridade que se pode obter de pessoas comuns.

Os pesquisadores organizaram em seguida, para todos os prisioneiros, uma entrevista para uma liberação condicional, presidida de maneira impecável pelo consultor da experiência, que era um ex-detento verdadeiro. Quando lhes foi perguntado se estavam prontos a deixar a prisão, renunciando a seu "salário" de "cobaias", quase todos disseram que sim, inconscientes de que seria suficiente pedir o fim da experiência para que esta fosse interrompida! Todas as liberações condicionais foram recusadas e todos voltaram para a cela sem reclamar, completamente submissos e sem conseguir perceber que haviam perdido o contato com a realidade.

A experiência de Stanford mostrou de modo espetacular e brutal que é possível, em poucos dias, transformar jovens equilibrados e com boa saúde em farrapos humanos ou em guardas zelosos, explicitamente sádicos em alguns casos. Essa experiência terminou em 20 de agosto de 1971, ao final de apenas seis dias em vez das duas semanas previstas inicialmente. Em seu site, Philip Zimbardo explica que houve duas causas desse fim prematuro. A princípio, os pesquisadores perceberam que os guardas tendiam a ser cruéis à noite, quando não se supunham observados (embora fossem filmados e gravados secretamente). Foi sem dúvida graças a Christina Maslach, a futura Sra. Zimbardo, que o calvário dos prisioneiros e a ação sem limites de seus carcereiros chegaram ao fim. Christina Maslach tinha acabado de defender sua tese de doutorado e foi visitar a "experiência" uma noite. Ela viu os detentos acorrentados, com um saco de papel na cabeça, sendo tratados aos gritos pelos guardas. Com lágrimas nos olhos, ela não suportou o espetáculo e saiu do prédio, seguida pelo namorado. Philip Zimbardo conta a cena deste modo: "Ela disse: 'É terrível o que você está fazendo com esses rapazes. Como ver o que eu vi e não se importar com esse sofrimento?' Mas eu não havia visto o mesmo que ela. E, subitamente, comecei a me envergonhar. Foi então que percebi que o estudo tinha me transformado em administrador da

PIERRE BARTHÉLÉMY

prisão. Eu lhe disse: 'Você está certa. Devemos interromper o estudo". Dois meses depois da experiência, um dos "detentos", Clay, número de matrícula 416, deu um depoimento sobre o que tinha sentido durantes esses dias: "Comecei a sentir que perdia minha identidade, que a pessoa a quem eu chamava de Clay, a pessoa que tinha me colocado nesse lugar, a pessoa que tinha se apresentado como voluntário para entrar nessa prisão – porque era uma prisão para mim e ainda é uma, não considero isso como uma experiência ou uma simulação, porque era uma prisão dirigida por psicólogos em vez de ser dirigida pelo Estado –, comecei a sentir que essa identidade, a pessoa que eu era e que tinha decidido ir para a prisão se afastava de mim, estava distante, até que, no final, eu não era mais essa pessoa, eu era o 416. Eu realmente era meu número". Quando o escândalo das torturas praticadas por militares norte-americanos na prisão iraquiana de Abou Ghraïb veio a público, em 2004, todos os que haviam participado da experiência de Stanford se lembraram do que tinham vivido, no verão de 1971, no *campus* da universidade. Na época, o estudo tinha recebido o aval do Comitê de Pesquisa com Sujeitos Humanos.

Agosto de 2011

Privacidade: matemática, o problema do mictório

Em todos os anos, 19 de novembro é o dia mundial do toalete. Este é o momento de citar um estudo em que os matemáticos invadiram a intimidade dos banheiros.

Os artigos publicados nas revistas científicas obedecem todos, com algumas poucas variações, às mesmas regras de apresentação. Embaixo do título e do nome dos autores, encontra-se um resumo, depois o artigo propriamente dito e, por fim, as referências. A revista *Lecture Notes in Computer Science* publicou um estudo com título misterioso (sobretudo se considerarmos que essa publicação trata essencialmente da ciência da computação): "O problema do mictório". A leitura do resumo provoca sorrisos... e também reflexão, o que é próprio da ciência improvável: "Um homem entra no banheiro masculino e observa 'n' mictórios livres. Qual deve escolher para aumentar suas chances de resguardar a intimidade, isto é, de minimizar as chances de que alguém ocupe um mictório ao lado do seu? O presente artigo tenta responder a essa pergunta considerando uma diversidade de comportamentos habituais nos banheiros masculinos".

PIERRE BARTHÉLÉMY

Para os leitores que são leitoras e, portanto, nunca frequentaram banheiros com pouca privacidade, o problema do mictório é um problema real. O relaxamento mínimo necessário para a micção nem sempre é fácil de atingir quando outro homem vem abrir a braguilha a vinte centímetros de distância ou quando você se sente alvo dos olhares dos outros homens que esperam com a bexiga cheia, dançando de um pé para o outro, até que você acabe de regar a horta. Geralmente, nesse momento é que ocorre um bloqueio.

Existem duas soluções para preservar um mínimo de privacidade nos mictórios enfileirados. A primeira consiste em afastar as pernas de modo a ocupar igualmente os mictórios à direita e à esquerda. Embora evite que esses senhores molhem os sapatos, a posição é bastante desconfortável e nem sempre permite a descontração dos esfíncteres.

A segunda solução, que é explorada no artigo publicado na *Lecture Notes in Computer Science*, consiste em escolher o mictório de modo a reduzir ao mínimo a probabilidade de que outro homem venha a se colocar a seu lado. A intuição manda, em geral, que nos posicionemos em uma das pontas da fileira, mas será que isso se justifica em termos matemáticos? Tudo depende do comportamento dos outros, explicam os autores. Esses especialistas em algoritmos, portanto, se divertiram traduzindo esses comportamentos em fórmulas. Assim, temos o preguiçoso, que vem esvaziar a bexiga no mictório livre mais próximo da porta; o cooperativo, que calcula para os outros e tenderá a escolher um lugar que permita ao máximo que os homens já no local mantenham sua privacidade; o distante, que se esforçará para ficar o mais longe possível dos outros; e o aleatório, que ficará em qualquer lugar, desde que os mictórios da direita e da esquerda estejam vazios.

Evidentemente, o problema depende, em primeiro lugar, do número "n" de louças sanitárias e também de saber se "n" é par ou ímpar. De fato, a "saturação" de cinco ou seis mictórios é a mesma: três cavalheiros são suficientes, nos dois casos, para que o próximo a entrar no banheiro tenha pelo menos um vizinho, qualquer que seja sua estratégia. Imaginemos uma fileira de seis mictórios, sendo o número um o mais distante da porta e o número seis o mais próximo. Você é o primeiro a entrar. Se você se instalar no um e se o homem que entrar em seguida for um preguiçoso ou um distante, ele ficará no seis. Por outro lado, um cooperativo poderá se colocar diante do três, do quatro, do cinco ou do seis (existem quatro escolhas possíveis). Se houver apenas cinco lugares, o cooperativo terá apenas duas escolhas (o três ou o cinco), pois a escolha do quatro terá como consequência que o terceiro homem seja obrigado a urinar perto de um dos dois ocupantes anteriores.

A questão se complica se, como acontece frequentemente, uma ou mais pessoas já se encontrarem nos mictórios quando você entrar. Ao ler o estudo, é por pouco que não se precisa de um computador para calcular qual será o lugar em que você terá o máximo de chances de ficar mais tempo sem vizinho. No final do artigo, recheado com algumas fórmulas matemáticas, você vai ficar aliviado (se me permite usar esta palavra) ao saber que a estratégia instintiva – ou seja, ficar diante do mictório mais distante da porta se o mictório vizinho estiver livre – é a mais eficaz na maior parte do tempo. Concluindo, os autores destacam que as variantes do problema são tão numerosas quanto inesperadas e incentivam os leitores a refletir sobre isso a cada vez que entrarem nesse local, em uma parada de uma estrada ou em um estádio.

Para terminar, que ninguém pense que esse é um problema exclusivamente masculino. Com a chegada da versão feminina do mictório, não só as senhoras não mais farão fila para ocupar os reservados, como elas darão trabalho aos matemáticos.

Novembro de 2011

Pierre Barthélémy

Pulmão: *quantos vírus você inspira a cada minuto?*

Eles estão por toda parte. E mesmo que eles não pertençam oficialmente à grande família de seres vivos, o estudo dos vírus é uma das últimas fronteiras na exploração biológica da Terra, e suas interações com as plantas, os animais e as bactérias são tão importantes que eles são até mesmo encontrados no material genético desses organismos. Eles estão por toda parte e nos lembramos, na época do grande pânico da gripe A (H1N1), de 2009, da corrida às máscaras de proteção, porque podemos lavar as mãos, limpar frequentemente os objetos de uso diário, polir as maçanetas das portas, mas é um pouco mais complicado limpar a atmosfera. Mas, para responder à pergunta "Quantos vírus inspiramos por minuto?", ainda seria preciso saber quais são o tamanho e as características dessa população invisível presente no ar que nos circunda.

Poucas pesquisas foram realizadas a respeito da ecologia microbiana do ar, a maneira como as comunidades virais evoluem no decorrer do tempo e interagem com seu ambiente. Principalmente porque, até agora, era tecnicamente difícil fazer contagens e identificações confiáveis de elementos inferiores ao micrômetro. Com a chegada das tecnologias da metagenômica, essas dificuldades estão se atenuando. A metagenômica é um procedimento que consiste em estudar o conteúdo de um meio natural dado (um litro de água do mar, uma amostra de solo, de fezes humanas etc.) a partir dos genomas aí encontrados. E, assim, em um artigo publicado no *Journal of Virology*, uma equipe sul-coreana fez a primeira análise metagenômica da atmosfera no nível do solo.

Sabendo que as condições exteriores (como temperatura, umidade, luminosidade e também exploração do terreno pelo homem) podem influenciar os vírus, esses pesquisadores trabalharam em

Ciência de A a X

três locais diferentes durante vários meses: um bairro residencial de Seul, uma floresta e um complexo industrial. A experiência deles consistia em capturar, em uma armadilha formada por um tipo de filtro líquido, todos os elementos inferiores ao micrômetro, limpá-los, extrair o DNA e comparar as sequências obtidas com os bancos de dados virais. Resultado: em um metro cúbico de ar, encontramos de 1,7 a 40 milhões de vírus! O número de bactérias é mais baixo: entre 860 mil e 11 milhões de indivíduos por metro cúbico. Ao contrário do que se poderia imaginar, a ordem de grandeza dos números não está ligada aos locais de coleta, mas às estações em que a coleta foi efetuada. O número de vírus presentes na atmosfera aumentou durante o inverno, chegando ao máximo em janeiro, e, em seguida, caiu com a aproximação da primavera.

Então, para responder à nossa pergunta, é preciso saber que, em repouso, um adulto bombeia em média dez litros de ar por minuto (isso pode ser bem superior durante um esforço, por exemplo, cinquenta litros durante uma caminhada). Se retomarmos os números do estudo, percebemos que, a cada minuto, de 17 mil a 400 mil vírus penetram em nossos pulmões. O suficiente para fazer um hipocondríaco querer parar de respirar... Ou, de qualquer modo, se mexer o mínimo possível: como a ventilação aumenta com o esforço físico, podemos facilmente inspirar 2 milhões de vírus por minuto durante uma caminhada.

Dito isso, esses números não constituem o aspecto mais impressionante desse artigo, do ponto de vista científico. Os pesquisadores sul-coreanos identificaram doze famílias de vírus, com uma boa proporção de *Geminiviridae*, o que é bastante lógico considerando-se que eles provocam numerosas doenças de plantas e que, nesse estudo, a maior parte da coleta aconteceu no verão. Mas, na verdade, os vírus mais numerosos, de longe, foram os desconhecidos. Mais da metade das sequências genéticas analisadas não

PIERRE BARTHÉLÉMY

figurava em nenhum banco de dados, e a maioria era de vírus com fita simples de DNA, como os *Geminiviridae*. Isso levou os autores do estudo a concluir que a atmosfera é um reservatório de vírus ainda largamente inexplorado e que já é hora de se interessar por ela, especialmente para identificar os vírus que podem atacar as culturas e os homens.

Outubro de 2012

Q de...

Quarentena: a peste vai ressurgir?

Ela é a grande doença dos livros de história e, por essa razão, nós a consideramos uma doença do passado. Isso é um equívoco, pois a peste, já que é dela que falamos, ainda continua a matar. Com certeza, o planeta não passa mais por aquelas monstruosas ondas mortais, como a peste chamada de Justiniano, no século VI, a célebre peste negra do século XIV que se espalhou pela Europa e fez várias dezenas de milhões de vítimas, ou a terceira grande epidemia, também conhecida pelo nome de peste da China, que se abateu essencialmente sobre a Ásia de 1894 a 1920 e durante a qual Alexandre Yersin descobriu o bacilo responsável pela doença, que hoje leva seu nome — *Yersinia pestis*. É claro que o progresso da higiene, os antibióticos, a vacinação e as campanhas de desratização (a bactéria é transportada principalmente pelos roedores e transmitida pelas pulgas que os infestam) fizeram com que ela recuasse muito. Porém, ao contrário da varíola, a peste está longe de ser erradicada – além disso, há poucas chances de que seja erradicada

PIERRE BARTHÉLÉMY

algum dia, de tal modo que seu "reservatório" animal é vasto – e a atualidade vem nos lembrar disso regularmente. A RFI (Rádio França Internacional) transmitiu há alguns dias uma reportagem sobre as medidas de prevenção tomadas em Madagascar, um dos países em que a doença permanece endêmica.

Em um estudo publicado pelo *The American Journal of Tropical Medicine and Hygiene*, o pesquisador norte-americano Thomas Butler analisou os dados mundiais coletados sobre a peste entre 2000 e 2009. Madagascar figura em segundo lugar entre os países mais afetados, com um total de 7.182 casos. A grande ilha só é suplantada pela República Democrática do Congo (10.581 casos), onde a guerra civil, os deslocamentos da população e a deterioração das condições de vida provavelmente favoreceram um contato maior entre os seres humanos e os roedores. No terceiro lugar, figura a Zâmbia, com 1.309 casos. No total, durante os dez anos estudados, 21.725 casos foram registrados e 1.612 pessoas morreram com a peste. O número real provavelmente é maior, pois nem todos os óbitos devidos à doença lhe são atribuídos, na ausência de análises. Os países africanos representam mais de 97% das infecções nesse período. Dito isso, entre os doze países que declararam pelo menos quarenta doentes no decorrer desses dez anos, encontramos a China no sétimo lugar (227 casos) e os Estados Unidos no 11º lugar, com 57 casos.

O artigo de Thomas Butler mostra que a peste não para de nos surpreender pelas vias que toma. No decorrer desse decênio, 2000 a 2009, existem, é claro, exemplos clássicos de contaminação, como foi o caso em 2005 e 2006 nas minas de ouro e de diamantes da República Democrática do Congo (mais de cem mortos) ou como constatamos todos os anos em Madagascar. Mas existem também exemplos mais exóticos, como o de contaminação por via alimentar no Afeganistão, em 2007: 83 pessoas

CiêNCIA DE A A X

ficaram doentes depois de comerem carne de camelo infectada, e dezessete delas morreram.

Enfim, existem histórias ainda mais surpreendentes, como os dois casos de pesquisadores norte-americanos que foram vítimas da doença em 2007 e em 2009. O primeiro era biólogo e trabalhava no Parque Nacional do Grand Canyon, no Arizona. Depois de encontrar o cadáver de um puma que tinha um radiotransmissor, ele decidiu realizar uma autópsia para determinar as causas da morte. Pensando que o animal havia sido morto em uma luta contra outro puma, ele não tomou a precaução de usar luvas nem máscara. Uma semana mais tarde, depois de ter contraído a febre, o homem morreu. O segundo caso é ainda mais extraordinário e põe em cena um geneticista que manipulava frequentemente uma cepa da peste cuja virulência havia sido geneticamente atenuada por meio da supressão de uma molécula cuja função é captar o ferro de que a bactéria necessita. Em condições normais, essa cepa jamais poderia matar alguém. Porém, esse pesquisador não era um caso normal, pois era portador de uma anomalia genética que dava aos tecidos de seu organismo uma sobrecarga de ferro, o que "compensou" a desvantagem do bacilo! Hospitalizado com urgência, o homem não pôde ser salvo.

Na França, o último caso da peste data de 1945, mas isso não significa necessariamente muita coisa. A Argélia havia sido poupada desde 1946, o que não impediu o ressurgimento da doença em 2003. Mesmo que a Europa ainda continue intocada, um estudo de 2008 observou que, durante a segunda metade do século XX, o número de países atingidos pela peste não parou de aumentar. A tal ponto que podemos nos perguntar se essa patologia não deveria ser considerada uma doença ressurgente, ainda mais porque muitas das condições favoráveis ao bacilo e à sua difusão estão reunidas: o aumento das temperaturas globais que, como sabemos, pode aumentar a prevalência da bactéria nos roedores, a globalização do comércio com meios de transporte cada vez mais rápidos, o aparecimento de múltiplas resistências a antibióticos no *Yersinia pestis,* uma vacina que não é mais utilizada e que ainda não tem sucessora... Por outro lado, diversos autores destacam a grande plasticidade do genoma da bactéria, o que lhe dá a capacidade de se adaptar facilmente às modificações de seu ecossistema, frequentes em nosso planeta neste momento.

Enfim, é preciso não esquecer que o homem também pode usar a peste. Em um passado não tão distante, os Estados Unidos e a União Soviética imaginaram o uso das bactérias como arma biológica. E provavelmente não foram os únicos. Um estudo de 2006 a respeito do bioterrorismo lembra que, segundo um panorama visualizado pela OMS, se vaporizássemos uma cidade de 5 milhões de habitantes com cinquenta quilos de bacilos preparados sob a forma de aerossóis, até 150 mil pessoas poderiam ser contaminadas e 36 mil delas morreriam. Sem contar os efeitos que um pânico monstruoso provocaria, com muitos habitantes tentando fugir e correndo o risco de se transformarem em vetores da doença.

Novembro de 2013

Quiproquó: o planeta não está em perigo; a humanidade sim

Pudemos constatar, no decorrer dos últimos anos, uma multiplicação de campanhas na mídia para salvar o planeta. Para "salvar o planeta", não comamos mais carne, pois a criação de uma vaca equivale a x hectolitros de água, y toneladas de CO_2, z flatulências e eructações repletas de metano. Para "salvar o planeta", prefiramos a bicicleta ao carro para pequenos trajetos. Para "salvar o planeta", isolemos bem as casas e não as aqueçamos a mais de 19 °C. Para "salvar o planeta", prefiramos aparelhos eletrodomésticos que consumam menos eletricidade ou lâmpadas de baixo consumo. Para "salvar o planeta", reciclemos nossos dejetos. Para "salvar o planeta", tomemos banhos com menor frequência e lavemos menos as nossas roupas. Para "salvar o planeta", consumamos produtos locais. Para "salvar o planeta", deixemos o capitalismo (para retomar o título de um livro de meu colega do *Le Monde,* Hervé Kempf). Etc.

Quando leio todos esses *slogans*, tenho vontade de dizer uma coisa. Aqueles que os escreveram enganaram-se quanto ao que cumpre salvar. Não é o planeta que é preciso salvar agindo desse modo, mas a humanidade e, mais exatamente, se deixarmos de lado a hipocrisia, nosso estilo de vida muito confortável: duvido que, na verdade, a maior parte das pessoas coma carne de vaca todos os dias, ande de carro, aqueça sua casa, tenha muitas torradeiras, *mixers* e máquinas de lavar. Sendo ainda mais claro: o planeta não precisa ser salvo porque não está em perigo. Mesmo que alguns considerem que entramos em uma nova era geológica, o antropoceno, marcada pela capacidade do homem de transtornar seu ecossistema, poluí-lo, modificar a composição atmosférica, destruir maciçamente as espécies e os recursos naturais, criar tremores de terra, o planeta não precisa de cura pela simples razão de que já passou por revoluções bem mais profundas, mudanças climáticas drásticas, cinco grandes extinções em massa, invernos nucleares sem energia nuclear, mas com vulcões, perturbações orbitais, bombardeios de meteoritos ou asteroides, glaciações inacreditáveis, deslocamentos de continentes, e sempre se recuperou. A vida sempre retomou seus direitos, mesmo quando, há 250 milhões de anos, 96% das espécies marinhas desapareceram e o mesmo aconteceu com 70% dos vertebrados terrestres.

Por quê? Porque esse sistema natural que constitui a Terra se ajusta às condições que lhe são impostas. No caso do aquecimento global, o planeta encontrará um equilíbrio dentro de alguns séculos. Simplesmente, ele será muito diferente do que conhecemos, e nossos descendentes se arriscam a perecer porque os extremos climáticos serão mais frequentes, porque as cidades costeiras serão atingidas pelo aumento do nível dos oceanos, isso quando não desaparecerem por completo, porque o acesso aos recursos naturais básicos, como a água potável e a alimentação, será claramente mais problemático e até mesmo fonte de conflitos, porque os serviços prestados gratuitamente pela natureza serão reduzidos em razão da perda de biodiversidade.

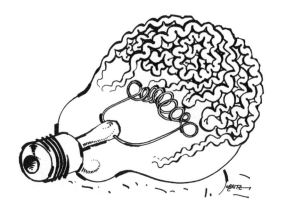

Invocar a salvação do planeta para incentivar as pessoas a assumirem um estilo de vida mais respeitoso diante do ambiente é um argumento falho. Não explicitar que, ao ultrapassar os limites de nossa biosfera, colocamos em perigo a própria sobrevivência de nossa espécie é uma maneira de fechar os olhos diante de nossas responsabilidades e dos desafios que nos aguardam. É um modo estranho de nos extrair de nosso ecossistema e de esquecer que constituímos um dos "alvos" das mudanças globais porque somos frágeis. É a humanidade que precisa ser salva. O planeta saberá se salvar sozinho.

Novembro de 2011

R de...

Repulsivo: os nazistas queriam fazer armas biológicas com base em insetos?

Existia, no final da Segunda Guerra Mundial, uma pequena estrutura ao lado do campo de concentração de Dachau, no sul da Alemanha. Sua criação havia sido ordenada no início de 1942 por Heinrich Himmler (1900-1945), chefe da SS e da polícia, um dos principais arquitetos da Shoah e um dos maiores criminosos do regime nazista. No entanto, à primeira vista, não havia nada de monstruoso nessa estrutura, pois se tratava de um instituto de entomologia.

Por muito tempo, pensou-se que esse laboratório concentrava, em especial, pesquisas com objetivos sanitários, a fim de proteger os SS que, no *front* ou nos campos de concentração, estavam expostos às doenças transmitidas por insetos, por exemplo, o tifo. Mais cinicamente, o regime nazista também precisava que os deportados destinados a morrer de esgotamento pelo trabalho nas

Ciência de A a X

oficinas ou nas fábricas instaladas nos campos tivessem tempo de "servir" antes de morrer. Se Himmler decidiu instalar esse instituto de pesquisa em Dachau, foi porque a IG Farben, empresa química, pretendia construir ali uma grande fábrica de borracha sintética. O engenheiro automobilístico Ferdinand Porsche, pai do carro do povo, o Volkswagen, que ainda não era chamado de "besouro", também tinha convencido o chefe da SS a instalar ali uma fundição.

Em um estudo publicado na revista *Endeavour*, o entomologista alemão Klaus Reinhardt (Universidade de Tübingen) questionou se, por trás dos objetivos oficiais desse instituto, não se escondiam outros fins menos confessáveis. De fato, ele encontrou protocolos de pesquisa emitidos pelo laboratório que nunca haviam sido disponibilizados ao público até agora e colocavam a atividade do instituto de entomologia da Waffen-SS sob uma luz diferente. Um dos documentos, datado de abril de 1942, apresentado por Klaus Reinhardt, começa dizendo que, se o campo de Dachau havia sido escolhido, isso se devia ao fato de que seu "excelente equipamento médico poderia auxiliar a pesquisa. Além disso, a pesquisa seria facilitada se pudessem ser feitas observações dos prisioneiros. Outro ponto que apoiou a escolha de Dachau refere-se às experiências com o *Anopheles*" – um gênero de mosquito vetor da malária – "que são realizadas pelo professor Schilling em relação à malária". As "experiências" mencionadas consistiam em inocular nos deportados o parasita responsável pela doença e testar neles medicamentos em doses muitas vezes mortais. Várias centenas de pessoas morreram no decorrer desse programa de experiências humanas, e Claus Schilling, condenado à morte por esses horrores durante o Processo dos Médicos de Nuremberg, foi enforcado em 1946.

Adolf Hitler tinha proibido a utilização de armas biológicas e, oficialmente, as pesquisas sobre a malária realizadas em Dachau deviam se concentrar nos meios de defesa diante de um ataque inimigo que usasse essa doença, que, em tempos normais, estava ausente do solo alemão. Vários textos encontrados mostram que os pesquisadores do instituto de entomologia trabalhavam com pesticidas, que eram uma das especialidades do diretor do laboratório, Eduard May. Contudo, os documentos revelados por Klaus Reinhardt são às vezes ambíguos e pode-se entender que as pesquisas ali realizadas podiam tanto ter um objetivo defensivo quanto ofensivo. Eduard May buscava especialmente determinar que espécie de *Anopheles* resistiria melhor à falta de nutrição, e ele lembra, em um de seus protocolos, o fato de que os mosquitos que recentemente se tornaram adultos podem jejuar por um longo tempo para que seja possível providenciar o transporte dos locais em que eles foram criados em massa até o lugar em que devem ser soltos na natureza. Em outro texto, May falou novamente das questões práticas ligadas ao uso de *Anopheles* como armas biológicas.

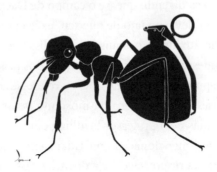

O instituto de entomologia de Dachau não se interessava apenas pela malária. Outros documentos aludem ao projeto "Loir", pesquisas secretas que não se referiam a nenhum rato-dos-pomares. Trata-se de um estudo sobre pulgas e compreendemos por esses textos que Eduard May passava muito tempo procurando ratos e gaiolas onde prendê-los. Mas por que fazer isso? A resposta tem um nome, o de Karl Josef Gross, que foi várias vezes ao laboratório e que era um médico SS especialista no bacilo da peste. Aqui, também, os documentos não deixam claro qual seria a intenção do instituto de entomologia no trabalho com essa doença. Em 10 de abril de 1945, May terminou por conseguir seus ratos... dezenove dias antes de o campo de Dachau ser libertado pelas tropas norte-americanas.

Nenhum dos documentos encontrados por Klaus Reinhardt constitui a prova de que o laboratório do campo de Dachau desenvolvia verdadeiramente armas biológicas com base em insetos. A formulação é sempre suficientemente ambígua para que não se possa determinar se as pesquisas são realizadas com um objetivo ofensivo ou defensivo. No entanto, uma coincidência é intrigante: em um livro publicado em 2006, o historiador norte-americano Frank Snowden afirmou que os alemães foram responsáveis por um ataque biológico em 1943 na Itália, espalhando milhões de larvas de mosquitos portadores de malária nos pântanos ao sul de Roma, com a intenção de atrasar o progresso das tropas aliadas que se dirigiam para a capital italiana. Frank Snowden cita o nome do criador da operação, Erich Martini, que fazia parte da equipe de Dachau.

Fevereiro de 2014

Ricardão: a palestra mais sexy de toda a história das ciências

A preparação de minhas crônicas me obriga a explorar os lados surpreendentes e, às vezes, alucinados da pesquisa. Foi durante um desses passeios no universo heterogêneo da ciência improvável que encontrei, por acaso, uma história extraordinária (no sentido próprio da palavra), relatada com algum humor, em 2005, pelo

PIERRE BARTHÉLÉMY

urologista canadense Laurence Klotz no *British Journal of Urology International*. Na verdade, a história em questão é ainda mais antiga e aconteceu em 1983. Nesse ano, aconteceu em Las Vegas um congresso de urologia durante o qual o pesquisador britânico Giles Brindley devia realizar uma palestra a respeito do primeiro tratamento médico eficaz contra o que chamamos pudicamente de disfunção erétil (DE). Se nos lembrarmos das circunstâncias da época (sem Viagra e companhia), tratava-se potencialmente, nas próprias palavras de Laurence Klotz, de uma "descoberta histórica no tratamento da DE".

A palestra em questão devia ser realizada à noite em um auditório do hotel ao qual se dirigiu L. Klotz. Ao pegar o elevador para o andar do auditório, ele viu entrar no elevador um homem de óculos, com uns cinquenta anos, visivelmente nervoso e vestido com um agasalho de moletom azul, que se pôs a verificar transparências de fotos (na época ainda não existia o PowerPoint) nas quais seu companheiro de viagem vertical pôde distinguir pênis humanos em estado de ereção. "Concluí", relembra Laurence Klotz, "que se tratava do professor Brindley, a caminho de sua palestra, mesmo que sua vestimenta parecesse informal demais para a circunstância". Como seria a última palestra, antes da recepção que encerraria o evento, havia apenas algumas dezenas de espectadores na sala, urologistas acompanhados por suas esposas em vestidos de festa.

Giles Brindley começou por descrever sua hipótese de trabalho, de que a injeção no pênis de substâncias que agissem sobre a circulação do sangue poderia provocar uma ereção, o que seria uma grande ajuda para os homens que sofriam de impotência. Como não tinha à mão nenhum modelo animal adequado, o pesquisador usou a si mesmo como cobaia. Isso seguia uma longa tradição de autoexperimentação na pesquisa médica. Entre os exemplos mais conhecidos, podemos citar dois Prêmios Nobel, o alemão Werner

Forssmann, que inseriu um cateter até o coração, e o australiano Barry Marshall, que, para provar que a úlcera de estômago devia-se essencialmente à bactéria *Helicobacter pylori*, não hesitou em engolir uma boa quantidade de cultura desse micróbio e esperar pelo surgimento dos primeiros sintomas. O senhor Brindley, portanto, reuniu toda a sua coragem, injetou diversas substâncias em seu pênis e, em seguida, fotografou-o cuidadosamente em diversos estados de tumescência, pois o pudor se apaga diante da ciência. "Depois de ter visto cerca de trinta dessas imagens", conta Laurence Klotz, "não havia nenhuma dúvida na minha mente de que, ao menos no caso do professor Brindley, a terapia era eficaz. É claro que não se podia excluir a possibilidade de que uma estimulação erótica tivesse desempenhado um papel na obtenção dessas ereções, e o professor Brindley o reconhecia".

Tocamos aqui o coração da pesquisa científica: que validade tinham essas provas fotográficas? Para relatar a continuidade da palestra mais *sexy* de toda a história das ciências, é melhor que eu dê a palavra à testemunha ocular, ou seja, Laurence Klotz: "O professor queria defender seu caso do modo mais convincente possível. Ele disse que, em sua opinião, nenhuma pessoa normal pensaria que dar uma palestra diante de um grande público seria uma experiência eroticamente estimulante ou passível de provocar uma ereção. E anunciou, portanto, que havia injetado papaverina no quarto de hotel antes de se dirigir ao auditório para fazer a palestra e que havia colocado deliberadamente roupas largas (por isso o agasalho de moletom) a fim de mostrar o resultado. Ele andou ao longo do palco, puxando a calça sobre a região genital para tentar revelar sua ereção. Nesse momento, fiquei estupefato e acredito que todos os outros espectadores também. Eu mal podia acreditar no que estava acontecendo diante de mim". No entanto, mais surpresas ainda aguardavam o público, pois Giles Brindley ainda não estava satisfeito com sua demonstração: "Ele abaixou os olhos para sua calça, com um ar cético, e balançou a cabeça consternado. Infelizmente, disse ele, isso não expunha os resultados de modo bastante claro. Então, ele abaixou a calça e a cueca, revelando um pênis longo, fino e claramente em estado de ereção. Não se ouvia nenhum som na sala. Todo mundo havia parado de respirar. Mas o simples fato de mostrar sua ereção em público do alto do palco não era o bastante". Como um jogador de xadrez (vestido), o professor Brindley fez uma pausa e refletiu sobre sua próxima jogada diante de uma audiência paralisada. Depois, ele disse em tom grave: "Eu gostaria de dar a algumas pessoas do público a oportunidade de confirmar o grau de tumescência". É preciso imaginar a cena: o pesquisador com o pênis ereto, com a calça e a cueca nos tornozelos, toda a região pudenda ao vento, descendo os degraus e se aproximando do público que trajava *smokings* e vestidos de festa.

CIÊNCIA DE A A X

Algumas mulheres perderam o controle e se puseram a gritar e a agitar os braços, pois eram provas e resultados científicos demais para elas. Compreendendo que havia convencido o público, Giles Brindley colocou rapidamente a parte inferior de seu traje, voltou a seu lugar no palco e concluiu sua palestra.

O resto pertence à história. O pesquisador britânico fez outros testes concludentes com homens que sofriam com distúrbios de ereção, cujos resultados foram publicados no final de 1983. Na conclusão de seu artigo, Laurence Klotz destaca (sem rir?) "a enorme contribuição" do professor Brindley para o tratamento dos problemas de ereção. A autoexperimentação espetacular do pesquisador britânico, de fato, abriu caminho para o que algumas pessoas chamam de "segunda revolução sexual", a era da ereção medicamentosa.

Janeiro de 2012

Road trip: *entre 2000 e 2030, o espaço urbano mundial triplicará*

Atualmente, mais da metade da população mundial mora em cidades, algo inédito na história da humanidade. A tendência não vai se inverter tão cedo, pois as Nações Unidas estimam que em 2030 passaremos de 5 bilhões de habitantes urbanos (em 8,3 bilhões de habitantes na Terra). Portanto, será preciso alojar nas cidades cerca de 1,5 bilhão de seres humanos a mais daqui a duas décadas. Um desafio gigantesco pelo qual se interessaram geógrafos e ambientalistas em um estudo publicado pelo *Proceedings of the National Academy of Sciences* (PNAS).

Esses pesquisadores partiram da constatação de que a maioria dos modelos sobre o crescimento urbano funciona na escala de uma cidade, de uma região ou, mais raramente, de um país, mas que, na escala mundial, nada ou quase nada permite avaliar a maneira como as cidades vão se expandir nem qual será o impacto sobre o ambiente. Portanto, eles combinaram uma cartografia mundial das zonas urbanas, obtida por meio de um instrumento instalado em satélites da NASA, com projeções demográficas ou econômicas e mapas de biodiversidade.

Os resultados dessa modelização são muito impressionantes, se conseguirmos entender o que esses números realmente significam. Em 2000, a cobertura urbana mundial representava 0,5% da totalidade das terras emersas. Em 2030, as cidades crescerão cada vez mais, o espaço urbano deverá triplicar de superfície e aumentar em 1,2 milhões de quilômetros quadrados. Ou seja, duas vezes mais que a superfície da França metropolitana.

CIÊNCIA DE A A X

Para representar as coisas de outro modo, é preciso ver que 1,2 milhão de quilômetros quadrados ganhos em três décadas correspondem a 110 quilômetros quadrados por dia, ou seja, quase a superfície de Paris! A cada dia que passa, o aumento dos espaços ganhos pelas cidades de todo o mundo é igual à superfície ocupada pela capital da França. É bem incrível pensar que dois terços das zonas urbanas de 2030 não existiam no início do século.

Os autores do estudo estimam, sem muita surpresa, que cerca da metade dessa expansão ocorrerá na Ásia, principalmente na China e na Índia. Assim, os geógrafos pensam que, em 2030, teremos na China um cordão costeiro urbanizado de 1.800 quilômetros de comprimento, entre Hangzhou e Shenyang. Mas é na África que o crescimento da urbanização deverá ser mais rápido, com um aumento de 590% previsto entre 2000 e 2030, especialmente nas cinco regiões a seguir: em torno do Nilo, no Egito; no golfo da Guiné; nos rios ao norte do lago Vitória; no norte da Nigéria – o país mais povoado do continente e em forte crescimento demográfico –; e na região de Adis Abeba, na Etiópia.

Ao conquistar rapidamente novos espaços, as cidades trarão necessariamente vários impactos ambientais. O efeito mais direto é o desflorestamento, que já contribui de modo não negligenciável para o aumento das emissões de CO_2. Os vegetais são, na verdade, poços de carbono, e suprimi-los para construir prédios ou ruas equivalerá a soltar na atmosfera 50 milhões de toneladas de carbono por ano. A biodiversidade também será atingida, pois o crescimento das cidades engole os *habitats* naturais dos animais. A modelização geográfica publicada no PNAS mostra assim que o ganho de território criado pelo homem urbano colocará em perigo o *habitat* de cerca de duzentas espécies de anfíbios, mamíferos e aves já listadas como em perigo ou em perigo crítico de extinção na lista vermelha da União Internacional para a Conservação da

Natureza. Os autores afirmam que seu estudo não leva em conta o que eles chamam de "urbanização indireta", isto é, as repercussões que as aglomerações têm sobre o interior do país: suprimento de madeira e de matérias-primas agrícolas, uso de água, descarte de dejetos em zonas rurais etc. Por exemplo, como o consumo de carne nas cidades é superior ao da zona rural, pode-se esperar um aumento da demanda de produtos vindos da carne, com tudo o que isso implica para a alimentação dos animais, a produção de metano pelos rebanhos, o tratamento dos dejetos agrícolas... A urbanização, portanto, está longe de não afetar os espaços em que a cidade se instala, e serão necessários outros estudos para avaliar em grande escala esses efeitos em cascata. Enquanto isso, o fenômeno de urbanização em massa está em fase de aceleração. Centenas de bilhões de dólares são investidos a cada ano em obras de infraestrutura, seja para imóveis, vias de comunicação, redes de água, de gás, de eletricidade ou telecomunicações. E quando o concreto estiver endurecido ou o asfalto estendido, eles permanecerão assim por muito tempo. Para atenuar o impacto global desse bilhão e meio de habitantes urbanos suplementares que acontecerá de agora até 2030, os autores do artigo do PNAS sugerem em especial privilegiar a densificação das cidades em vez de sua expansão. Para eles, "o desenvolvimento compacto", além de preservar o máximo possível os espaços naturais, apresenta a vantagem de diminuir as perdas energéticas. Porém, os responsáveis pelo desenvolvimento do território de cada região ou de cada país devem refletir depressa sobre isso, pois, se quiserem limitar o impacto das cidades sobre o ambiente, a janela de intervenção será muito pequena. Além disso, é preciso que eles desejem intervir.

Setembro de 2012

S de...

Sena: a mulher mais beijada do mundo

É um drama anônimo que se transformou em lenda, uma morte que salva vidas. A história de uma jovem mulher que permanecerá para sempre sem nome nem sobrenome e passará à posteridade como "a desconhecida do Sena". No final do século XIX, em Paris, o necrotério, então situado na Île de la Cité, era um local muito movimentado. Centenas ou mesmo milhares de pessoas lá passavam a cada dia para desfrutar um espetáculo macabro, como se o local fosse um tipo de praça do crime. Sobre as mesas inclinadas de mármore, eram expostos, separados do público por um vidro, os cadáveres não identificados recolhidos nas vias públicas ou retirados do Sena, com a esperança de que alguém os reconhecesse.

Foi ali que, por volta de 1880, terminou o corpo sem vida de uma mulher encontrada no rio. Ela não tinha marcas de violência, e o médico legista concluiu que fora suicídio. A beleza e o sorri-

PIERRE BARTHÉLÉMY

so enigmático da jovem fascinaram um funcionário do local a tal ponto que ele fez uma máscara mortuária. Existe também outra versão, que diz se tratar da modelagem do rosto de uma jovem modelo morta por tuberculose em 1875. Seja como for, a lenda da afogada com sorriso de Monalisa é mais atrativa. Tanto que as máscaras começaram a ser vendidas como pão quente.

A máscara dessa mulher aparentemente serenada pela morte adquiriu, como escreveu Hélène Pinet na ocasião da exposição *Le Dernier Portrait* (O último retrato), "no decorrer dos anos, uma dimensão mítica e estética que a transformou em objeto de decoração e de fantasias". A partir do final do século XIX, a imagem foi difundida por toda a Europa e impressionou numerosos artistas nas décadas seguintes. O escritor Rainer Maria Rilke descobriu-a em Paris, em 1902, e conta da seguinte maneira esse "encontro": "O moldador, dono de uma loja na frente da qual passo todos os dias, pendurou duas máscaras diante de sua porta. O rosto da jovem afogada foi modelado no necrotério porque era belo e porque sorria, porque sorria de modo misterioso, como se soubesse de algo que não sabemos". Essa imagem e essa lenda ficaram gravadas na mente de Louis Aragon, Vladimir Nabokov e Jules Supervielle, que escreveu, em 1931, um conto intitulado *L'Inconnue de la Seine* (A desconhecida do Sena), em que seguimos, com a água, os pensamentos da jovem morta que, diz ele: "se foi sem saber que em seu rosto brilhava um sorriso trêmulo, mas mais resistente que um sorriso vivo, sempre à mercê de alguma coisa".

E a ciência nisso tudo? É preciso avaliar até que ponto a máscara da desconhecida do Sena tornou-se um ícone durante a primeira metade do século XX para continuar a história. Pois mesmo que a maior parte do mundo não se lembre dela atualmente, a morte calma e sorridente passou à posteridade por uma via bem singular. Nos anos 1950, o norueguês Asmund Laerdal, fundador

CIÊNCIA DE A A X

de uma empresa de brinquedos especializada em bonecas realistas de plástico macio, teve a ideia de usar seu conhecimento para fazer manequins para os futuros socorristas que estudavam as técnicas de reanimação cardiopulmonar (boca a boca, massagem cardíaca externa). Asmund Laerdal, nascido em 1914, conhecia a máscara da desconhecida do Sena e pensou que "um manequim de tamanho natural e de aparência muito realista faria com que os alunos ficassem mais motivados para aprender as técnicas de reanimação". Tocado pela história dessa jovem morta tão cedo, ele modelou um rosto a partir da máscara mortuária para seu novo manequim de ensino: Resusci Anne.

Lançada em 1960, Resusci Anne tem agora mais de meio século e, mesmo tendo sido modernizada no decorrer do tempo, ela sempre manteve a mesma aparência. Existe uma triste ironia em dizer que muitas vidas foram salvas por socorristas que treinaram a respiração boca a boca no rosto de uma morta. E foi assim que a desconhecida do Sena, a quem foram emprestadas dezenas de histórias de amor impossível para explicar seu suicídio, tornou-se a mulher mais beijada do mundo.

Novembro de 2012

Sherlock: o sangue deixado por um criminoso denuncia sua idade

Sob a rubrica "fatos diversos" ou nas crônicas da polícia científica, raramente se passa uma semana sem que uma análise de DNA confirme um suspeito ou o inocente por completo. Nos interrogatórios e diante dos tribunais, essa é atualmente uma arma fatal. Ainda é preciso que o DNA recolhido nas cenas de crime corresponda ao de um suspeito ou ao de uma pessoa cadastrada no

Fichier National Automatisé des Empreintes Génétiques (FNAEG – Cadastro Nacional Informatizado de Impressões Genéticas). Se não for esse o caso, os pelos, o esperma, o sangue, a saliva, as células de pele encontradas no chão, sobre a vítima, sob suas unhas, em uma bituca de cigarro, não terão muita utilidade, exceto a de tirar nomes da lista de culpados em potencial.

O DNA logo poderá deixar esse papel passivo, puramente comparativo, e dar pistas aos investigadores. Como? A partir de marcadores, poderemos prever com um bom grau de confiança algumas características físicas do criminoso. Com certeza, ainda estamos muito longe de desenhar um retrato falado do criminoso a partir de seu DNA, pois a complexidade biológica do que dá a um ser humano sua aparência externa é imensa. No entanto, se soubermos que o assassino é uma mulher loira, de olhos azuis, os policiais procurarão alguém parecido com Grace Kelly e não com Jackie Chan para resolver esse crime quase perfeito.

Essa previsão de características observáveis a partir do DNA começou há pouco com a cor dos olhos, que, para dizer a verdade, não é uma pista muito discriminante, exceto se o assassino de um dono de restaurante asiático em plena Chinatown tiver olhos azuis. Um estudo holandês publicado no *Current Biology* poderia ser especialmente interessante para os especialistas da polícia científica, pois conseguiu determinar com precisão a idade de uma pessoa a partir da análise dos glóbulos brancos. Para compreender como isso funciona, examinemos rapidamente a máquina do corpo humano. O "T" dos linfócitos T, pois é deles que se trata, é a inicial de timo. De fato, é nesse pequeno órgão situado na caixa torácica que os linfócitos T, fabricados pela medula óssea, assumem seu trabalho de guerreiros do sistema imunológico. Simplificando, eles ensinam seus receptores a reconhecerem as células "do corpo" e, consequentemente, a detectarem os corpos estranhos. Durante essa aprendizagem, seu material genético é rearranjado, o que produz pequenas moléculas circulares de DNA.

O timo tem a particularidade de regredir com a idade, e seus tecidos são pouco a pouco substituídos por tecido adiposo. Em consequência dessa evolução, os linfócitos T apresentam com o tempo cada vez menos círculos de DNA. Portanto, os autores do estudo verificaram, com amostras de sangue retiradas de 195 pessoas com idades de 0 a 80 anos, que esse declínio era constante. Além disso, não faz diferença que a amostra seja recém-tirada ou que tenha um ano e meio. Esses trabalhos permitiriam, portanto, avaliar com grande precisão a idade de um criminoso, o que daria pistas aos investigadores. Como destaca o estudo, essa abordagem também pode ser "aplicada na identificação de vítimas de catástrofes em que pedaços do corpo (contendo sangue) estejam disponíveis e em que o conhecimento da idade pode ser crucial para a identificação definitiva". Outra possibilidade interessante é a estimativa da idade de animais selvagens para os zoólogos ou os responsáveis de parques naturais.

Entretanto, os autores permanecem prudentes quanto à aplicação imediata de seu método: de fato, é preciso determinar se alterações graves do sistema imunológico, como as causadas pela AIDS ou por uma leucemia, podem ou não influenciar a precisão do procedimento. Além disso, o referencial que o estudo estabeleceu aplica-se apenas à população holandesa. Ainda é preciso verificar se a origem geográfica das pessoas faz com que esses critérios variem. Não dará certo procurar uma Grace Kelly de 81 primaveras em vez de um Jackie Chan de 56 anos...

Novembro de 2010

T de...

Tamanho: o tamanho do pênis pode ser lido nos dedos?

Raros são os que nunca receberam um *spam* por e-mail divulgando aquela pilulazinha azul com efeito de turgescência ou aquele método para aumentar o tamanho do pênis. Até parece que a Terra não gira em volta do Sol, mas em volta do membro viril. Como calculo que haja nesse órgão algo que interesse a alguns e algumas e que, visivelmente, o tamanho parece ter sua importância, eis aqui um pequeno truque científico para ter uma ideia do negócio sem baixar as calças.

Tudo depende da mão. Dito assim, sem dúvida, a impressão é que vou me lançar em alguma apologia à masturbação. Não é isso! O que quero dizer é que a mão dá indicações sobre o tamanho do pênis. Mas, ao contrário do que as quiromantes podem pensar, não se lê isso na linha da vida! Outro clichê desmentido: não descobriremos nada ao medir o dedo médio estendido. É preciso prestar atenção aos dois dedos que o ladeiam, o indicador e o anular, e mais exatamente à relação entre o comprimento dos dois (tamanho do indicador dividido pelo tamanho do anular). De fato, desde a publicação de um estudo, em 1998, pensa-se que essa razão entre os dedos está correlacionada aos hormônios sexuais. Desde o século XIX, os médicos haviam notado que essa relação era menor entre os homens que entre as mulheres: os machos da espécie *Homo sapiens* têm, com muito mais frequência que suas companheiras, o indicador claramente mais curto do que o anular. Esse dimorfismo sexual já está presente *in utero*. Os pesquisadores estimam, sem ter certeza total, que poderia se tratar de uma indicação da taxa de exposição pré-natal aos hormônios andrógenos. Falando com mais clareza, eles pensam que quanto mais o feto fabricou hormônios andrógenos, mais isso se manifestará na relação entre esses dois dedos. De fato, o desenvolvimento dos membros (aí incluído o dos dedos dos pés e das mãos) é controlado pelos mesmos genes responsáveis pelo desenvolvimento do sistema genital.

Pierre Barthélémy

E o tamanho do pênis nisso tudo? Em um estudo publicado na revista *Asian Journal of Andrology*, uma equipe de pesquisadores sul-coreanos mostrou que existe uma correlação entre o comprimento do membro masculino e essa razão entre os dedos. Quanto mais marcante a diferença entre os dois dedos, maior é o pênis em média. E ao contrário, se o indicador tender a rivalizar com o anular, o pênis será, em média, menor. Os autores do estudo trabalharam com o comprimento do pênis em repouso (flácido, para os puristas) e com o do pênis "alongado". A medida do pênis alongado permite de fato ter uma boa estimativa do tamanho do membro ereto. Para os curiosos, que estão imaginando as condições da experiência, informo que os sujeitos foram homens que se internaram no hospital para ser operados. Perguntaram-lhes se concordariam que essa "manipulação" fosse feita enquanto estivessem anestesiados. Cento e quarenta e quatro consentiram, prontos a se sacrificar pelo progresso da ciência. A razão foi calculada também entre os dedos da mão direita que, por um motivo ainda desconhecido, mostra diferenças mais marcadas do que a mão esquerda.

Junho de 2011

Telefone: ouviremos ET daqui a 25 anos?

Para quem não sabe, SETI é a sigla de *Search for Extraterrestrial Intelligence* (Busca por Inteligência Extraterrestre). Esse é um instituto que reúne seus membros em uma convenção anual. Um bando de ufólogos exaltados, apaixonados por Roswell e discos voadores? Não, pesquisadores e engenheiros que escutam o céu para detectar sinais de uma civilização diferente da nossa. E diante dessas pessoas convidadas em 2010, Seth Shostak (astrônomo-chefe do SETI Institute) declarou: "Penso realmente que as chances de encontrarmos extraterrestres não são nem um pouco ruins. Jovens que estão na plateia, penso que existe uma boa chance de que vocês vejam isso acontecer".

É preciso dizer que a edição de 2010 da convenção foi um pouco especial. Celebravam-se os oitenta anos do astrônomo Frank Drake, que, há meio século, foi o primeiro a apontar seu radiotelescópio (o de Green Bank, na região ocidental da Virgínia) para as estrelas Tau Ceti e Epsilon Eridani, durante cerca de 150 horas (sem ouvir a menor mensagem extraterrestre). Outro aniversário: o SETI Institute completava 25 anos. Mas Seth Shostak não é o tipo de pessoa que permite que a emoção o faça falar alguma coisa. Se ele afirma que os astrônomos encontrarão sinais de ETs daqui a "uma ou duas décadas" é em referência a uma fórmula "mágica", uma equação que Frank Drake escreveu em 1961.

O que diz essa equação? Primeiro, vamos garantir a quem tem alergia a matemática que isso é muito simples. A equação de Drake serve para estimar "N", o número de civilizações inteligentes que supostamente existem em nossa galáxia, a Via Láctea. São conhecidas diversas versões dessa fórmula, mas a mais popular é a seguinte:

$$N = N^* \times f_p \times n_e \times f_l \times f_i \times f_c \times L$$

Sem ter de estudar engenharia, vemos que N é o produto de sete fatores: N^*, o número de estrelas em nossa galáxia; f_p, a fração dessas estrelas que é rodeada por planetas; n_e, o número médio de planetas nesses sistemas solares com condições de sustentar a vida; f_l, a fração desses planetas em que a vida realmente existe; f_i, a fração desses planetas em que se encontra vida inteligente; f_c, a fração desses planetas cujos habitantes são capazes de se comunicar com outros astros e desejam fazê-lo; e L, a fração desses planetas em que a duração da vida e de emissão corresponde à época em que escutamos (pois é, é preciso que haja um pouco de sincronia para se comunicar: se o correio demora dois séculos para entregar uma carta na sua casa, você não poderá lê-la). Toda a beleza, a dificuldade ou a bobagem (dependendo do ponto de vista) dessa equação consiste em atribuir valores a esses parâmetros. De fato, a ciência não tem resposta precisa para nenhum deles. Isso explica por que alguns apelidam a equação de Drake como "a parametrização da ignorância".

Dito isso, deve-se acrescentar que, no entanto, os astrônomos têm ideias para preencher os espaços em branco. Assim, o número total de estrelas na nossa galáxia se aproxima de 200 bilhões nas últimas estimativas (mas alguns julgam que 400 bilhões também é uma boa avaliação). Para o fator seguinte, a maré crescente de planetas extrassolares, desde a descoberta do primeiro deles, em 1995, faz pensar que pelo menos metade das estrelas estão acompanhadas. Depois disso, entramos na zona das especulações... O número médio de planetas situados na zona de habitabilidade de sua estrela (isto é, como a Terra, suficientemente perto de seu sol para que a água seja líquida, mas longe o bastante para que a temperatura ambiente seja aceitável) poderia ser dois, segundo Frank Drake. Para o valor seguinte, ou seja, a porcentagem desses planetas em que a vida efetivamente se desenvolveu, pesquisadores australianos afirmaram que a proporção ultrapassaria 13%, desde que o planeta estivesse estável há mais de um bilhão de anos. Sejamos otimistas e atribuamos generosos 20%. Frank Drake estimou em 1% a fração desses planetas em que uma vida inteligente aconteceu. Por que não? Nós só conhecemos um exemplo, o nosso, e é bem difícil generalizar. Idem para a fração de planetas que se comunicam e a fração de planetas tecnológicos que vivam mais ou menos ao mesmo tempo que nós (digo "mais ou menos" pois, em razão da velocidade finita em que viajam a luz e as ondas eletromagnéticas, podemos perfeitamente ouvir os sinais de uma civilização desaparecida há séculos, se seu planeta estiver longe da Terra). Para a primeira, Drake atribuiu 1%, e para a segunda, um milionésimo. Esse último número é bastante otimista, pois ele subentende que as civilizações tecnológicas sobrevivam dez milênios.

Ao final das contas, a equação de Drake resulta em quatrocentos planetas, em toda a galáxia, que poderiam se comunicar conosco. É preciso notar que esse resultado é bem mais baixo do que as primeiras estimativas. Assim, há trinta anos, o célebre astrônomo norte-americano Carl Sagan (1934-1996), além de atiçar minha curiosidade pelo cosmos com sua incrível série de TV de mesmo nome, estimou que o possível valor de "N" seria de vários milhões. Seth Shostak, de sua parte, se apega ao número de 10 mil proposto pelo próprio Frank Drake. O astrônomo-chefe do SETI Institute pensa que, com o Allen Telescope Array, uma rede de pequenos radiotelescópios de que dispomos atualmente, e a potência sempre crescente dos computadores, detectar uma civilização que se comunique é apenas uma questão de tempo. Desde que suas hipóteses de partida estejam corretas.

A equação de Drake é realmente interessante por destacar a que ponto não sabemos nada dos outros mundos. E era exatamente isso que seu autor queria que ela fosse quando a escreveu, em 1961, durante a reunião que daria origem à SETI: uma estrutura de trabalho para todos aqueles que se interessassem pela pesquisa da vida extraterrestre. Ao lê-la, temos a impressão de avançar etapa por etapa, de fazer um *zoom* virtual na direção do ET. Aqueles que, como Paul Myers, o autor do excelente *blog Pharyngula*, criticam essa fórmula, esquecem que não se trata realmente de um instrumento científico. Só de um lembrete das questões a explorar.

Para ser honesto, a equação de Drake também permite que Seth Shostak justifique, com facilidade, o programa SETI de escuta de sinais de rádio vindos do espaço. No entanto, não o critico. Eu me lembro de entrevistar Jill Tarter, a responsável por esse programa, no radiotelescópio de Arecibo (Porto Rico), o maior do mundo, com sua antena gigante de 305 metros de diâmetro. Durante várias horas, aquela mulher que serviu de modelo a Carl Sagan para seu livro *Contato* (publicado no Brasil pela Companhia de Bolso; filmado com Jodie Foster no papel principal) me explicou todos os detalhes de sua busca com uma convicção que raramente vi. Jill Tarter e seus colegas da SETI querem, nem mais nem menos, responder a uma das mais antigas perguntas da humanidade: estamos sós no universo?

Agosto de 2010

Terror: o mistério de Os pássaros, de Hitchcock, finalmente esclarecido

Em agosto de 1961, enquanto preparava a adaptação cinematográfica do romance *Os pássaros*, publicado pela romancista britânica Daphne du Maurier, em 1952, Alfred Hitchcock ouviu falar de um fato incrivelmente estranho ocorrido na cidade de Santa Cruz e arredores, na costa californiana. Em 18 de agosto, o jornal local, o *Santa Cruz Sentinel*, publicou com destaque uma invasão surpreendente e trágica de aves marinhas que batiam contra as casas: "Os habitantes [...] foram acordados por volta das três horas da manhã de hoje por uma chuva de pássaros que se lançavam contra suas residências. Aves mortas ou atordoadas cobriam as ruas e as estradas sob o nevoeiro do amanhecer. Assustados com essa invasão, os habitantes precipitaram-se para fora das casas, para os jardins, segurando tochas, mas tiveram de dar meia-volta e correram para o interior das casas, pois os pássaros voavam na direção das luzes. [...] Quando o dia nasceu, os habitantes encontraram as ruas cobertas de pássaros. Os pássaros tinham vomitado pedaços

Ciência de A a X

e espinhas de peixes nas ruas, sobre os gramados e sobre os tetos, deixando no ar um odor irrespirável e nauseabundo de peixe".

Embora estivesse em Hollywood nesse dia, Alfred Hitchcock, que possuía um sítio nos montes Santa Cruz, ligou para o *Santa Cruz Sentinel* e pediu que lhe enviassem um exemplar do jornal de 18 de agosto para enriquecer a documentação do filme que preparava, o que foi relatado pelo jornal três dias depois. Em *Os pássaros*, o mestre do suspense evitou evocar a menor causa que pudesse justificar o comportamento espantoso desses animais, a fim de que o racionalismo científico não pudesse tranquilizar o espectador. Hitchcock achava que uma explicação esvaziaria a angústia. Para ele, *Os pássaros* devia suscitar um medo primitivo de ser atacado de modo puramente arbitrário, sem aviso nem motivo. Evidentemente, nem todo mundo tem esse gosto pelo assombroso e, desde 18 de agosto de 1961, é preciso tentar entender por que essas aves marinhas, na maioria pardelas-pretas, agiram como *kamikazes*. No *Santa Cruz Sentinel*, um zoólogo da Universidade da Califórnia atribuiu tudo ao nevoeiro que caiu sobre a costa naquela noite, dizendo que os pássaros que se alimentavam no mar sentiram-se perdidos e se precipitaram para a luz da iluminação pública. Mas por que, nesse caso, os pássaros não se arremessavam sobre a cidade em todas as noites de nevoeiro?

Segundo um estudo publicado na *Nature Geoscience*, uma equipe de oceanógrafos norte-americanos parece ter elucidado esse mistério cinematográfico-ornitológico, dando uma explicação mais convincente. Eles compararam o acontecimento de 1961 com um episódio similar ocorrido em 1991, durante o qual pelicanos-pardos desorientados ou agonizantes foram encontrados na mesma região. Mas, dessa vez, os pesquisadores identificaram o culpado: uma toxina, o ácido domoico, produzida pelo plâncton vegetal, as algas diatomáceas do gênero *Pseudo-nitzschia*. Grandes quantidades dessas algas microscópicas foram descobertas, na época, no estômago dos peixes da região, que eram comidos pelos pelicanos. O estudo explica que o ácido domoico, ao substituir o glutamato no cérebro das aves e dos mamíferos, pode provocar confusão, desorientação, convulsões, coma ou morte. No homem, a intoxicação provocada pela ingestão de mariscos contaminados causa frequentemente distúrbios intestinais, amnésias, ou até mesmo problemas neurológicos graves e, em casos muito raros, a morte.

Os autores do estudo da *Nature Geoscience* se perguntaram se, mais de cinquenta anos depois dos fatos, poderiam provar a presença dessas algas no largo de Santa Cruz. Desafio difícil de superar, pois ninguém havia conservado uma amostra da água do mar datada daquela época. Por outro lado, existiam amostras de zooplâncton, essa minúscula fauna aquática, algumas espécies que se alimentam de fitoplâncton, o plâncton vegetal. Ao analisá-las, os oceanógrafos reconstituíram a flora marinha regional desse verão de 1961 e descobriram que 79% dela pertencia ao gênero *Pseudo-nitzschia*. Segundo eles, a hipótese mais provável é a seguinte: em razão das condições marinhas e meteorológicas específicas, houve

CIÊNCIA DE A A X

uma eflorescência de algas (que alguns chamam de "*bloom* planc-
tônico") no mar, levando a uma presença importante dessas diatomáceas, com que os pequenos peixes se empanturraram. O ácido
domoico produzido pelas algas concentrou-se na cadeia alimentar
e causou o envenenamento das pardelas-pretas, aves migratórias
que se alimentam nessas águas. Assim, as aves desorientadas não
pela névoa, mas pela intoxicação alimentar, vieram a se chocar na
costa, dando um toque de mistério e verossimilhança ao filme de
Alfred Hitchcock. Mesmo que os pássaros filmados pelo cineasta
parecessem estar em plena forma.

Janeiro de 2012

U de...

Uretra: os usos do xixi

Não, não, sob a capa da ciência e da tecnologia, não se trata de abordar aqui a urofilia. Entretanto, como sugere humoristicamente a estátua Manneken Pis há séculos, a urina é fonte de benefícios ocultos. O primeiro é evidente: composta por 95% daquela molécula famosa que associa dois átomos de hidrogênio e um átomo de oxigênio, a urina constitui uma reserva de água doce considerável, sobretudo se a multiplicarmos pelos 7 bilhões de indivíduos que compõem a população humana mundial (e nem estou falando das diversas populações de animais domésticos). Recentemente, ficamos boquiabertos com o sistema de reciclagem da Estação Espacial Internacional (ISS) que, por fim, permitiu que os astronautas da ISS saboreassem a água que havia transitado por dentro deles e que a NASA economizasse ao não ter de colocar contêineres de água em órbita. Na verdade, já faz muitos anos que o tratamento da água de reúso é capaz de reenviar a nossas torneiras uma água perfeitamente potável, proveniente de nossos banheiros. Algumas pessoas o aceitam, outras não, pois é difícil deixar de lado o "fator nojo".

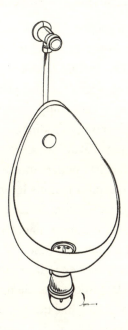

O segundo trunfo da urina, nestes tempos de ecologia obrigatória, é muito menos evidente: podemos produzir eletricidade com ela! A NASA, já há alguns anos, começou a estudar o conceito de uma reciclagem elétrica dos excrementos: a viagem para Marte de uma tripulação de seis pessoas produziria mais de seis toneladas de dejetos orgânicos sólidos, e essa questão teria de ser formulada. A ideia consistia em desenvolver uma pilha de combustível microbiana (PaCMi) ultracompacta, capaz de arrancar os elétrons desses dejetos e, assim, produzir corrente elétrica. Como a odisseia marciana foi reagendada para depois de 2030 pela administração Obama, o projeto não é mais muito atual. Dito isso, as pilhas de combustível microbianas não interessam apenas à NASA. Já há alguns anos, o domínio é explorado por um número crescente de laboratórios. O projeto mais na moda é o *Geobacter Project* (batizado com o nome do micróbio utilizado por uma equipe da Universidade de Massachusetts, em Amherst).

E entre os partidários das PaCMi, encontramos os pesquisadores do laboratório de robótica Bristol (BRL, Reino Unido), que vão estudar os usos da urina. Por que pesquisadores de robótica? Porque eles querem que suas máquinas fabriquem sua própria eletricidade digerindo os dejetos. Essa equipe já realizou testes com contêineres muito rudimentares com rodinhas, e é preciso reconhecer que o rendimento de suas PaCMi atualmente ainda está longe de ser fantástico. No entanto, isso poderá melhorar com a mudança do material de base, como explica Ioannis Ieropoulos: "Durante estes anos, nutrimos nossas PaCMi com frutas podres, grama cortada, cascas de camarão e moscas mortas, para testar diferentes tipos de dejetos. Estamos concentrados na pesquisa dos melhores dejetos, aqueles que resultam em mais energia. A urina é muito ativa quimicamente, rica em nitrogênio e tem elementos como ureia, íons de cloreto, potássio e a bilirrubina, que a tornam excelente para as pilhas de combustível microbianas. Já fizemos os testes preliminares, que mostram que se trata de um dejeto muito eficaz".

Então, depois do ouro negro, teremos o ouro amarelo (pergunta boba: o ouro já é amarelo)? O doutor Ieropoulos recebeu uma verba de cerca de 700 mil euros para desenvolver suas pilhas de xixi. E o laboratório de robótica já está em contato com a Ecoprod Technique, uma empresa que fabrica mictórios sem água. No final, o laboratório britânico espera produzir um protótipo de mictório público móvel "que utilizaria a urina para gerar energia a partir de suas pilhas de combustível", acrescenta Ioannis Ieropoulos. Imaginamos, por exemplo, utilizá-lo durante festivais de música ou em outras manifestações ao ar livre. Talvez na Oktoberfest em Munique...

Julho de 2010

V de...

Valsa: de que lado você embala o seu bebê?

O seu corpo é de direita ou de esquerda? Cada um de nós, desde que não seja maneta, sabe com que mão escreve. Mas ser destro ou canhoto para segurar uma caneta não determina necessariamente as outras lateralizações do corpo. Elas são muito menos conhecidas e, no entanto, você tem um pé preferido para chutar uma bola de futebol (Platini usa o direito, Maradona usa o esquerdo) ou tomar impulso antes de saltar, um olho favorito para mirar e até mesmo um lado preferido para beijar. Sabe-se assim, já há alguns anos, que a maioria dos seres humanos que praticaram essa experiência boca a boca é destra nesse esporte, sem que isso tenha algum vínculo com a mão com que escreve ou o pé com que chuta.

Existe uma lateralização também tão marcada quanto a do beijo e também pouco conhecida: o lado do corpo em que embalamos um bebê. Numerosos estudos mostraram que, instintivamente, os pais seguram o bebê à esquerda para acalmá-lo, acariciá-lo, acalentá-lo, cantar uma cantiga de ninar... Segundo os artigos, de sete a oito em cada dez pessoas demonstram essa preferência. Normal, você pode retrucar, isso corresponde aproximadamente à proporção de destros na população: os pais seguram o filho à esquerda para manter livre sua mão preferida. Por que Barthélémy nos conta tudo isso? Bem pensado, eu diria, mas... Em um estudo de 1973 a respeito das relações entre a mãe e seu recém-nascido, o psicólogo Lee Salk mostrou que a grande maioria das canhotas também segurava os bebês à esquerda!

Para Lee Salk, que se interessou muito pelos batimentos cardíacos das mães como um modo de acalmar os bebês, o fato de segurar a prole à esquerda tinha um motivo evidente: a esquerda é o lado do coração, e segurar o bebê desse lado faz com que ele ouça melhor esse ritmo que o embalou durante nove meses de vida intrauterina. Indo mais longe, James Huheey chegou até a sugerir, em 1977, que a lateralização manual proviria daí: segurando naturalmente seus filhos à esquerda, o ser humano desenvolveu a habilidade de sua mão direita no decorrer da evolução. Todo esse belo cenário ficou um pouco abalado quando se descobriu que a posição do bebê embalado não o fazia ouvir melhor os batimentos cardíacos à esquerda do que à direita e, sobretudo, que ele era muito mais receptivo à voz de sua mãe do que ao "tum-tum" do coração dela.

Então, por qual motivo embalamos mais frequentemente o bebê à esquerda do que à direita? As causas dessa lateralização sutil bem poderiam estar no nosso cérebro. Como acabo de dizer, a comunicação entre a mãe e o recém-nascido passa essencialmente pela voz (foi até mesmo observado que as mães surdas vocalizam para chamar a atenção de seu bebê surdo, como se o "instinto" lhes mandasse falar). Cada hemisfério cerebral realiza tarefas diferentes no tratamento dos sinais vocais recebidos. O esquerdo (dominado pelo ouvido direito) controla principalmente o significado das palavras, a gramática etc., enquanto o direito (dominado pelo ouvido esquerdo) é mais sensível à entonação, à melodia. Quando o bebê é segurado do lado esquerdo, os sons que ele produz são captados principalmente pela orelha esquerda da mãe e, ao contrário, ele mesmo, ainda longe de compreender as sutilezas da linguagem, é sensível principalmente ao "canto" vocal, com a orelha esquerda "livre", enquanto a direita é tapada pelo contato com o corpo da mãe. Segundo essa hipótese, embalar o bebê à esquerda favoreceria e desenvolveria a comunicação afetiva entre a mãe (ou o pai, não nos esqueçamos) e seu filho. Além disso, o som não seria o único elemento determinante dessa comunicação (e, portanto, dessa lateralização), pois os sinais visuais também entram em jogo. Na maioria das pessoas, é de fato o hemisfério direito do cérebro (portanto, mais ligado ao campo visual esquerdo) que interpreta as expressões do rosto.

Tudo se passaria, assim, na cabeça do pai. Um sinal suplementar perturbador foi trazido pelos trabalhos que focalizaram o estado psicológico das novas mamães. Em caso de depressão, de violência conjugal ou de perturbações emocionais, as mães ficam menos focadas na comunicação com seu bebê, menos à sua escuta. Elas também tendem a segurá-lo à direita.

Post-scriptum: não posso deixar de assinalar que o viés de segurar à esquerda, como dizem os pesquisadores, também é encontrado nos donos de cães. E principalmente nas mulheres. Mas quem é o mais lindo bebê da mamãe? É o pequeno Médor!

Junho de 2011

Verdura: será que as plantas são inteligentes?

Deveria ser um exercício prático feito em casa. Há algum tempo, um de meus filhos voltou da escola com alguns grãos de trigo

PIERRE BARTHÉLÉMY

que o professor de ciências tinha lhe dado. Tarefa: fazê-los germinarem e se desenvolverem, enquanto observava o crescimento da planta (e depois, disse meu filho, "desse jeito, você poderá ter cereais extras no café da manhã", pois é verdade que a ciência deve nutrir os cientistas). Para complicar um pouco a experiência, separamos as sementes em dois grupos. O primeiro ao ar livre, no frio, em um pote que continha terra. O segundo em algodão regularmente embebido em água e aquecido no apartamento. Nada cresceu no pote com terra, mas tudo indica que os grãos de trigo gostaram bastante do nosso apartamento. E meu botânico em botão, se posso falar assim, observou que um dos grãos tinha um problema: ele tinha germinado, mas afundado no algodão, e tinha seu crescimento dificultado pelas fibras. Como ele sairia dali? O suspense durou alguns dias. Nosso brotinho de trigo conseguiu abrir a duras penas uma passagem horizontal e, quando chegou a uma abertura, endireitou-se como seus companheiros. Daí a pergunta do meu estudante: "O trigo é esperto. Mas como ele sabe onde fica o lado de cima?"

Essa maneira de atribuir inteligência e conhecimento a uma planta pode provocar sorrisos. Mas, na verdade, nem tanto assim, pois realmente existe a questão quanto a esses seres vivos que antigamente considerávamos como simples máquinas de fazer fotossíntese. Hoje sabemos que, mesmo desprovidas de cérebro, as plantas reagem a seu ambiente, produzem respostas elétricas a estímulos, mexem-se mesmo que não possam se deslocar, enviam sinais etc. Tudo isso é suficiente para falar de inteligência?

Sim, se acreditarmos no pesquisador italiano Stefano Mancuso, um dos inventores da "neurobiologia das plantas", que ele estudou em seu laboratório na Universidade de Florença. Segundo ele, devemos considerar os vegetais como organismos dinâmicos, dotados de sentidos, capazes de fazer análises de custo-benefício, ou seja, organismos que tratam as informações provenientes de seu

Ciência de A a X

ambiente. A definição de inteligência que esse pesquisador deu em uma entrevista concedida ao *blog Thought Economies* também vai nesse sentido: "A inteligência é a capacidade de resolver problemas. Agora, sei que existem inúmeras definições de inteligência [...] mas não posso verdadeiramente encontrar uma definição melhor do que essa. É claro, se você tentar usá-la em um congresso, sempre haverá alguém para intervir com uma definição brilhante ou divertida, limitada à inteligência humana ou, no máximo, à da maioria dos primatas. É como se eles tivessem medo da ideia de perder seu lugar especial no universo. Em certo sentido, em biologia, ainda estamos na era de Ptolomeu, na qual o homem se considera como o centro do universo. Para mim, a inteligência é uma propriedade da vida. Mesmo o mais humilde dos organismos vivos unicelulares deve ser inteligente para resolver os problemas de sua vida cotidiana".

Evidentemente, nem todos têm a mesma definição de inteligência, e a própria ideia de neurobiologia das plantas foi recebida com ceticismo por cerca de trinta biólogos em um artigo publicado em 2007 em *Trends in Plant Science*. Dito isso, quando penso nos grãos de trigo do meu filho, ainda me questiono...

Fevereiro de 2011

W de...

Walkíria: a música enternece os corações

Você trucidou zumbis com uma serra durante cinco horas em seu videogame enquanto escutava sem parar o último CD de *hard rock* intitulado "Explodindo seu vizinho"? Nesse caso, não saia logo em seguida para fazer compras no supermercado da esquina. Você se arrisca a transformar seu carro em rolo compressor sobre a vovozinha que – ARGHHH!!! – procura moedas na bolsa, parada no caixa há mais de três minutos, para pagar sua salada, porque ela ainda não se acostumou com o euro. Está provado há vários anos que a exposição a meios de comunicação violentos (jogos, vídeos, músicas) aumenta a agressividade. Mas será que o inverso é verdadeiro? Será que escutar uma bela canção romântica estimula o amor?

Foi isso que uma equipe de psicólogos franceses quis testar em um estudo tão inteligente quanto divertido, publicado na revista *Psychology of Music*. Nicolas Guéguen, Céline Jacob e Lubomir

CIÊNCIA DE A A X

Lamy criaram uma verdadeira conspiração, como é frequente em psicologia, para que os participantes da pesquisa não desconfiassem nem por um minuto o que realmente estava sendo medido.

O cenário era o seguinte: várias dezenas de estudantes de ciências sociais ou administração de empresa, todas sem namorados (o que foi garantido por meio de uma pesquisa preliminar), foram recrutadas para uma pesquisa de produtos. Cada uma devia provar dois tipos de *cookies* em companhia de um estudante e discutir com ele as qualidades dos biscoitos, na presença de uma pesquisadora. Aparentemente uma pesquisa muito banal. Mas, quando ela chegava, o estudante em questão (na verdade, um cúmplice escolhido por sua boa aparência) ainda não havia chegado. Convidava-se então a jovem a ficar três minutos em uma sala de espera na qual era tocada uma música. Ou "Je l'aime à mourir"[1], de Francis Cabrel, escolhida em uma mesa-redonda composta por mulheres pelos pensamentos e sentimentos amorosos que suscita, ou "L'heure du thé", de Vincent Delerm, escolhida por essas mesmas mulheres por seu tom neutro. No fim da música, o estudante chegava e eles podiam provar os *cookies*. Depois de alguns minutos, a pesquisadora fazia uma pausa e deixava a jovem e o rapaz sozinhos.

Este fazia uma pequena representação, sempre igual. Primeiro um belo sorriso, depois duas frases: "Eu me chamo Antoine. Achei você muito bonita e fiquei pensando se você me daria seu número de telefone. Posso te ligar mais tarde e poderíamos tomar um café na semana que vem". Depois silêncio, olhar sedutor e novo sorriso. Se a jovem aceitasse, o Casanova-em-prol-da-ciência anotava o telefone. Se levasse um fora, ele respondia: "Que pena. Bom, não tem problema". E mais um sorriso. Nesse momento, a pesquisadora voltava e revelava a verdade para a estudante.

---

1 Eu o amo até a morte. [N.T.]

Nenhuma delas fez uma conexão entre a música escutada e o jogo de sedução. E os resultados? Quando a música romântica de Francis Cabrel era tocada, mais da metade das estudantes aceitou dar seu número de telefone e o convite para tomar um café (23 em 44, ou seja, 52,2%). Quando era tocada a música de Vincent Delerm, apenas pouco mais de um quarto das jovens se deixava seduzir (12 em 43, ou seja 27,9%). Que desmancha-prazeres é esse Delerm!

Para os pesquisadores, a diferença – quase o dobro – é significativa, e a música de fato enternece os corações. "Escutar as palavras de uma canção romântica, em comparação com palavras neutras, aumenta a probabilidade de aceitar, alguns minutos depois, um convite para um encontro amoroso", concluíram os autores do estudo. Esse efeito confirma o impacto comportamental de uma exposição a um conteúdo de mídia. Entretanto, ele o confirma em um novo registro comportamental que não havia sido testado anteriormente, já que as pesquisas anteriores concentraram-se principalmente no efeito das mídias violentas sobre os comportamentos, pensamentos e sentimentos violentos ou agressivos. Dito isso, Nicolas Guéguen e Céline Jacob deviam esperar esse resultado, pois, em 2009, com outros dois colegas, eles haviam notado que os homens gastavam mais na floricultura quando ouviam uma canção de amor. Também seria preciso calcular a influência que têm os violinistas de restaurantes sobre o consumo de champanhe. E não seria demais sugerir aos clubes de encontros, agências matrimoniais e outros organizadores de *speed dating* investir no som e em alguns CDs românticos.

Setembro de 2010

Willy Wonka: será que o chocolate cria assassinos em série?

Um estudo publicado no sério *New England Journal of Medicine* fez a alegria da imprensa em geral. Ficamos sabendo que existia uma correlação extremamente significativa entre o consumo de chocolate em um país e o número de Prêmios Nobel que esse país conseguia. A informação teve mais destaque por ter sido publicada durante a semana em que os Prêmios Nobel de 2012 foram concedidos. Explicando que uma correlação não significa necessariamente um vínculo de causa e efeito, o autor desse estudo, Franz Messerli, fez de tudo para conseguir um prêmio! Para esse cardiologista, tudo depende dos flavonoides, moléculas antioxidantes presentes no cacau, as quais diversos estudos demonstram que melhoram as funções cognitivas. Tudo é compreensível: os países em que se come muito chocolate têm habitantes mais inteligentes e, portanto, mais Prêmios Nobel. A possibilidade de que o vínculo de causa e efeito seja o contrário – ou seja, que nos países mais inteligentes e, portanto, mais repletos de Prêmios Nobel, as pessoas saibam das virtudes benéficas do chocolate para a saúde e o comam mais – é, segundo Franz Messerli, concebível, mas improvável.

Esse tipo de estudo engorda as vendas da imprensa e agrada muito ao público, em especial porque o mecanismo apresentado é, ao mesmo tempo, inteligente e simples de compreender. Entretanto, a passagem de um simples vínculo de correlação estatística a um vínculo de causa e efeito é um exercício perigoso. A razão principal deve-se ao fato de que, se x e y estão estatisticamente correlacionados, isso não significa obrigatoriamente que um provoque o outro, pois x e y podem perfeitamente ser duas consequências da mesma causa. O exemplo mais citado é o seguinte: em uma cidade, quanto mais as pessoas compram sorvetes de casquinha, mais ocorrem afogamentos. O vínculo parece "evidente": os banhistas empanturrados com sorvete de baunilha ou de morango sentem-se mal enquanto nadam no mar e morrem. Isso é ir um pouco longe demais. Na realidade, se consideramos o aumento nas compras de sorvetes e nos afogamentos, isso se deve, em primeiro lugar, a um *aumento da temperatura*. É por querer se refrescar que as pessoas consomem mais sorvetes e se banham mais do que o comum no mar. Uma única causa produz duas curvas semelhantes, mas sem relação uma com a outra. Por fim, pode também ocorrer uma correlação que seja provocada por uma pura coincidência. Assim, foi possível demonstrar que existia uma correlação entre a distribuição mundial de uma árvore, o *Eucalyptus camaldulensis*, e a distribuição dos idiomas tonais.

Esse estudo que tentava encontrar um vínculo de causa e efeito entre o consumo de chocolate e o Prêmio Nobel provocou replica-

Ciência de A a X

ções críticas realizadas por James Winters e Sean Roberts, dois jovens pesquisadores britânicos especializados na ciência da linguagem e da cognição. Publicada em seu site, *replicatedtypo*, a resposta deles a Franz Messerli é muito divertida. Os dois homens retomaram a metodologia do cardiologista e encontraram, entre outras, uma magnífica correlação entre o consumo de chocolate em um país e o número de assassinos em série existentes nesse país. O lado sombrio dos flavonoides aparece de repente... Imediatamente, você não olhará do mesmo jeito para um tablete de chocolate ou para uma caixa de bombons. Será que devem ser proibidos? Será que faziam parte do cardápio de Jack, o Estripador? Ou se trata da prova, pelo absurdo, de que a metodologia e as conclusões apresentadas no estudo de Franz Messerli não são as mais rigorosas?

Para James Winters e Sean Roberts, Franz Messerli provavelmente se equivocou ao escrever que "é difícil identificar um denominador comum plausível que poderia basear ao mesmo tempo o consumo de chocolate e o número de premiados com o Nobel". Quando examinamos a lista dos países mais recompensados (em relação à sua população), percebemos que se trata essencialmente de países ocidentais, que têm meios para comprar chocolate, que o integraram à sua cultura alimentar há séculos e que, muitas vezes, desenvolveram uma indústria de produção de chocolate. E esse é o mesmo grupo de países que, historicamente, mais investiu na ciência.

Mesmo que os pesquisadores, por sua formação, estejam habituados a desconfiar da passagem apressada da correlação ao vínculo de causa e efeito, às vezes acontece de caírem na armadilha. Desse modo, recordo um estudo publicado na *Nature*, em 1999, mostrando que as crianças que dormiam com uma luz acesa eram míopes com maior frequência que as outras. Daí, uma campanha na mídia para prevenir os danos provocados pela luz. Sem con-

PIERRE BARTHÉLÉMY

seguir confirmar esse resultado, outros cientistas se dedicaram ao problema e perceberam, alguns meses depois, que era nas famílias em que os pais eram míopes que a luz era mais frequentemente deixada acesa no quarto das crianças. A miopia era essencialmente hereditária, e a correlação era explicada de outro modo.

Novembro de 2012

Woodstock: as flores ajudam os sedutores

O verdadeiro *Flower Power* não é aquele em que normalmente pensamos. As flores têm o poder de amolecer o coração das mulheres e de lhes inspirar sentimentos românticos, se acreditarmos em um estudo astucioso conduzido pelo francês Nicolas Guéguen, professor de ciências do comportamento na Universidade de Bretagne-Sud, e publicado na revista *Social Influence*. Ou seja, as flores são úteis aos sedutores.

Em um trabalho anterior, Nicolas Guéguen, autor de diversas obras sobre a psicologia da sedução e do consumidor, havia demonstrado que as mulheres aceitam mais facilmente um convite para um encontro romântico depois de ter ouvido uma canção [romântica]. Retomando uma parte da metodologia utilizada na época, o pesquisador organizou duas pequenas experiências para testar a capacidade das flores de ativar o botão "romantismo" embutido no cérebro das mulheres. Na primeira, tratava-se de ver se, na presença de flores, as mulheres achariam um homem mais atraente do que sem um ambiente floral. Quarenta e seis mulheres foram assim convidadas a um local para assistir, sozinhas, durante cinco minutos, ao vídeo de um jovem. Na metade dos casos, três buquês de flores formados por rosas, margaridas e cravos-de--defunto estavam dispostos na sala. No caso das outras 23 participantes, os vasos estavam vazios e foram colocados nos mesmos lugares. Depois de ter assistido ao vídeo, as mulheres saíam da sala e respondiam a um questionário que pedia que expressassem sua impressão sobre o jovem em uma escala de 1 a 7. Até que ponto elas o achavam física e sexualmente atraente, e elas aceitariam um encontro com ele? As mulheres que tinham visto o filme na presença de flores deram notas significativamente mais altas ao rapaz do que aquelas que o tinham visto em uma sala sem flores.

A segunda experiência passou da teoria à prática, com a ajuda de um cúmplice escolhido por seu charme. Dessa vez, 64 mulheres foram "testadas". O cenário era o seguinte. Como na primeira experiência, a amostra foi dividida em duas (uma com buquês e a outra sem). Também aqui, cada mulher assistia, sozinha, a um vídeo curto e, ao fim da apresentação, saía da sala para encontrar o famoso cúmplice (cujo papel ela evidentemente ignorava) na presença de uma experimentadora que supostamente ia fazer anotações. Muito rapidamente, a experimentadora saía da sala sob um pretexto falso e deixava o casal sozinho. Nesse momento, o "Apolo" representava uma breve cena, sempre a mesma. Inicialmente, um belo sorriso e, depois, duas frases: "Eu me chamo Antoine, achei você muito bonita e gostaria de ter seu número de telefone. Vou te ligar mais tarde e podemos tomar um café em algum dia na semana que vem". Depois, silêncio, olhar sedutor e novo sorriso. Se a jovem aceitasse, o Casanova-em-prol-da-ciência anotava o número de telefone. Se era rejeitado, ele respondia: "Que pena. Mas não há problema". E sorria novamente.

Os resultados são muito eloquentes. Oitenta e um por cento (26 em 32) das mulheres que tiveram direito a flores durante a exibição do filme aceitaram o convite. A título de comparação, na amostra não "amolecida" pelos buquês, apenas metade deu seu número de telefone (16 em 32). Nenhuma das 64 moças desconfiou do verdadeiro objeto do estudo. O interessante é que, como na experiência que citei anteriormente sobre as canções de amor, as flores eram apenas parte da decoração. Elas não foram colocadas em primeiro plano, não foram oferecidas às participantes, e agiram mesmo quando as participantes não estavam mais na mesma sala. O que se mediu, de certo modo, foi o efeito de uma exposição a flores sobre os aspectos românticos do humor.

Já foram feitos outros experimentos a respeito da influência das flores, mas em outras circunstâncias. Assim, em um estudo publicado em 2008, os pesquisadores perceberam que, ao colocar um buquê e uma pequena planta verde no quarto de pessoas que haviam acabado de sofrer uma operação de apendicite, estas pediam em média menos analgésicos que as pessoas cujo quarto não tinha vegetação. As primeiras apresentavam uma pressão arterial mais baixa, além de um ritmo cardíaco menos elevado que as segundas, e se sentiam menos estressadas e menos fatigadas com a hospitalização. Em um artigo de divulgação científica, publicado em 2010 na revista *Cerveau & Psycho*, Nicolas Guéguen relata que "o psiquiatra John Talbott e seus colegas da Universidade de Baltimore em Maryland demonstraram que os pacientes internados em instituições psiquiátricas por problemas graves falavam mais, permaneciam mais tempo no refeitório do estabelecimento e comiam mais quando plantas florais (no caso, crisântemos amarelos) faziam parte da decoração. Esse detalhe é importante, pois muitos pacientes em instituições psiquiátricas comem pouco. Assim, os psiquiatras recomendam colocar plantas e flores para tornar o local mais próximo do ambiente externo, associado a eventos agradáveis, e para melhorar o estado dos pacientes e sua vontade de se alimentar".

A influência das flores parece assim bastante real e, sem dúvida, também é por essa razão que o homem dedica-se a cultivá-las há milênios, mesmo que, em geral, não sejam comestíveis. Mas qual é o mecanismo de atuação dessa influência, em especial, no plano sentimental? Por enquanto, os pesquisadores não sabem a resposta. Cores? Perfume? Condicionamento social (considerando que as flores estão associadas a casamentos, a encontros amorosos, ao Dia dos Namorados etc.)? Seja como for, senhores, da próxima vez em que quiserem seduzir uma mulher, devem encontrá-la na frente de uma floricultura, que tenha música ambiente com canções de amor. Cheguem um pouco atrasados, mas não demais, ou ela poderá preferir o florista.

Maio de 2011

X de...

Xena: a mulher que (quase) não sente medo

É uma mulher norte-americana de 46 anos, e isso é tudo o que se sabe dela. Nos diversos artigos científicos que lhe foram dedicados até hoje, os autores a chamam de SM. E se ela intriga os especialistas em neurociências, isso ocorre porque, como os *vikings* de *Asterix e os Normandos* (publicado no Brasil pela Editora Record), ela não conhece o medo. Essa pessoa é vítima de uma patologia genética rara, a doença de Urbach-Wiethe, que se manifesta essencialmente por sintomas dermatológicos e espessamento da pele e das mucosas. Mas, em alguns casos, como o de SM, ocorrem calcificações no cérebro, principalmente no nível das amígdalas (que não devem ser confundidas com as amígdalas situadas na garganta). Essas pequenas estruturas em forma de amêndoas são como que o nosso sistema de alarme: dentre todas as informações sensoriais que recebemos, elas destacam tudo o que poderia nos colocar em perigo. Esse é o centro do medo, que, por causa da doença, está desativado em SM.

SM tem toda a gama de sentimentos, menos um. Em uma série de experiências publicadas pela revista *Current Biology,* os cientistas quiseram colocá-la à prova, fazê-la brincar de "Pesquisador, tente me assustar!". Primeiro, eles a levaram até uma loja que vendia animais exóticos, em especial, serpentes e aranhas. Embora dissesse detestar esses animais, ela não sentiu nenhuma apreensão ao manipular e acariciar uma serpente durante três minutos. Ela até perguntou ao vendedor se podia começar pelos espécimes mais perigosos, mas isso não foi permitido e foi preciso impedi-la quando ela quis tocar uma tarântula. Em seguida, ela foi levada a um antigo hospital que, todos os anos, durante o *Halloween,* se transforma em uma casa mal-assombrada onde monstros e fantasmas falsos tentam assustar os visitantes. Em vez de ter arrepios e sobressaltos, SM riu, sem demonstrar nenhum sinal de apreensão quando teve de se aventurar nos recantos mais sombrios. Por fim, pediram-lhe que assistisse a uma série de vídeos. Ela ria nas passagens cômicas, sentia-se enojada nas passagens repugnantes etc. Mas não manifestava o menor temor diante dos trechos de filmes de terror.

Ao entrevistá-la, os autores desse estudo também perceberam que, por morar em um bairro pobre com taxa de criminalidade elevada, ela já fora várias vezes ameaçada de morte, sem ficar traumatizada com essas experiências. SM contou, em especial, como uma noite, ao atravessar um parque quando voltava para casa, ela quase tinha sido degolada por um desconhecido que colocou uma faca em sua garganta enquanto gritava "Vou te cortar, vadia!" até ir embora, talvez desconcertado com a falta total de reação de sua vítima. Nos dias seguintes, SM continuou a passar pelo mesmo parque. Ela também sofreu dois ataques à mão armada. Os psicólogos que a interrogaram, por ignorarem completamente sua condição, descreveram-na como uma heroína, dotada de uma capacidade de resiliência fora do comum. Mas não existe coragem quando não

PIERRE BARTHÉLÉMY

se tem medo. Para os pesquisadores que estudaram seu caso, "SM tem grande dificuldade para detectar as ameaças iminentes em seu ambiente e para aprender a evitar as situações perigosas, características de seu comportamento que, com toda probabilidade, contribuíram para que ela várias vezes colocasse sua vida em perigo". De algum modo, essa mulher não tem instinto de sobrevivência.

Entretanto, do mesmo modo que Asterix conseguiu encontrar a brecha na carapaça dos rudes normandos, uma equipe de pesquisadores da Universidade de Iowa conseguiu fazer com que SM revivesse a sensação que ela não tinha mais desde a infância, época em que sua doença ainda não a tinha feito esquecer o medo. Descrito em um artigo publicado na *Nature Neuroscience*, o procedimento que eles usaram pode parecer um tanto chocante, mas nunca havia sido testado com pessoas insensíveis ao perigo: eles provocaram em SM um tipo de mal-estar, fazendo-a respirar uma mistura gasosa contendo 35% de CO_2, ou seja, um nível quase novecentas vezes superior ao da atmosfera! Como o organismo é muito sensível à quantidade de dióxido de carbono no sangue, SM começou a se sentir mal. Ela começou a ofegar, seu ritmo cardíaco se acelerou, o suor cobriu sua pele. Seu rosto exibiu uma expressão de aflição e, nessa verdadeira crise de pânico, ela teve "enfim" um comportamento típico de uma pessoa apavorada: quis fugir, quis arrancar a máscara por meio da qual respirava. Por fim, ela havia sentido o perigo.

Em seu artigo, os pesquisadores reconheceram que não esperavam isso. Para eles, a deterioração das amígdalas, sofrida por SM, deveria impedir que ela sentisse medo (se soubessem disso, teriam interrompido a experiência antes do mal-estar...). Para que não restassem dúvidas, eles refizeram o teste com duas irmãs gêmeas cujas amígdalas também foram danificadas pela doença de Urbach-Wiethe. Mais uma vez, eles assistiram a uma crise de pânico. As "cobaias" afirmaram ter experimentado uma sensação inteiramente inédita.

A descoberta é importante, pois mostra que a detecção do perigo não é feita apenas nas amígdalas. Segundo esses cientistas, a inalação do dióxido de carbono abriu um tipo de passagem para o medo, que até então permanecera oculta. A hipótese que formularam foi a seguinte: as amígdalas são o portão de triagem para todos os estímulos externos que passam pelos cinco sentidos – o leão que corre na sua direção, a buzina do carro, o cheiro de queimado etc. Por outro lado, quando o estímulo é interno, como no caso da asfixia, em que receptores químicos contidos no organismo assinalam a presença excessiva de CO_2 e a acidificação do sangue que ela provoca, é por outro caminho que o medo surge no cérebro. Um caminho que ainda precisa ser descrito.

Fevereiro de 2013

GRÁFICA PAYM
Tel. [11] 4392-3344
paym@graficapaym.com.br